女孩，你要学会保护自己

许晶———著

U0312291

文化发展出版社
Cultural Development Press
·北京·

图书在版编目（CIP）数据

女孩，你要学会保护自己／许晶著. — 北京：文化发展出版社，2025．1. — ISBN 978-7-5142-4572-1

Ⅰ．X956-49

中国国家版本馆CIP数据核字第20240EE685号

女孩，你要学会保护自己

著　　者：许　晶

责任编辑：孙豆豆　　　　责任印制：杨　骏
特约编辑：滕龙江　　　　责任校对：岳智勇
封面设计：尧丽设计
出版发行：文化发展出版社（北京市翠微路2号　邮编：100036）
网　　址：www.wenhuafazhan.com
经　　销：全国新华书店
印　　刷：永清县晔盛亚胶印有限公司

开　　本：710mm×1000mm　1/16
字　　数：116千字
印　　张：12
版　　次：2025年1月第1版
印　　次：2025年1月第1次印刷

定　　价：59.80元
ＩＳＢＮ：978-7-5142-4572-1

◆　如有印装质量问题，请电话联系：13683640646

前言

　　每个女孩都希望成为家里的公主，希望父母能全力保护自己，以免受到任何伤害。但亲爱的女孩，你终究会长大，离开家，离开父母的身边，走进校园，走向社会，需要独自面对这个世界，处理各种问题，抵御各种风险。

　　与男孩相比，女孩本身存在着生理特殊性，更容易胆小、害羞、单纯等。所以，女孩更需要不断地去历练、去成长，让自己逐渐成熟，学会保护好自己。

　　女孩，你可以善良，与同学友好相处。但是，你的善良要有锋芒，不仅要勇敢地表达自己，更要让自己变得强大，不做受气包，不任人欺负。如果你发现有同学对自己有恶意，总是想办法欺负你、排挤你甚至欺凌你，你不要默默忍受，而要勇敢反击，只有这样才能保障自己的权益和安全不受侵害。

　　女孩，你可以单纯，但不能愚蠢。面对陌生人，你不要盲目地热心，更不要轻易交出真心。尤其在网络上，你要擦亮眼睛，提高安全意识，多一些谨慎，才会少一些危险，不让不怀好意的人有机可乘。

当然，在成长过程中，你会与青春期不期而遇。这个时期，你会逐渐成熟，同时会遇到诸多问题，比如身体发育、月经来潮等生理变化，荷尔蒙躁动、对异性产生好感等心理变化。面对这些问题，如果你能了解和掌握生理健康知识包括性知识，学会自我保护的技巧，你就可以有效化解青春期的这些烦心事。

总之，女孩，如果你没有自我保护意识，遭遇到伤害却不自知，或是缺乏自我保护能力，遭受伤害却不知如何自保和自救，你就应该积极主动学习、实践，尽己所能地用智慧保护自己的合法权益，不让自己的身心受到伤害。

只有好好地保护自己，同时让自己变得坚定而勇敢，你才能健康快乐地成长，迎来美好的未来，享受精彩的人生。

目录

第一章

女孩要勇敢表达，才能不委屈自己

有些女孩容易软弱，不敢表达，不敢拒绝，不敢反抗。这样做只会委屈自己，让自己成为众人欺负的对象。所以，不管与什么人在一起，女孩都要学会大胆地表达自己的需求与想法，做自己想做的事，而不让自己受委屈。

不想做受气包，
就要摆脱讨好型人格

小慧是八年级学生，性格温和，人缘很好，几乎从不拒绝别人的请求。无论是同学拜托她做的事，还是老师布置的额外任务，她都一一接受，哪怕内心不情愿，或者没有把握或能力完成，她也不知道怎样拒绝。

有一次，班级要组织一次大型活动，班干部小琪和几个同学负责准备物资。可是，小琪拿着物资清单找到小慧，说："小慧，我们比较忙，没有时间采购物资，你帮忙去购买这些东西吧。"小慧心里其实有点儿不愿意，因为当天作业比较多，自己还有几项没有完成。然而，她不想让同学失望，也不想"不合群"，于是就点头答应了。

活动当天，小慧为了采购物资奔波了一整天，却忘记了第二天要交的一份物理实验报告。老师认为她不认真，对她进行了严厉的批评。小琪也没有向她表示感谢，反而因为物资准备得不够对她表现出不满。

小慧感到非常委屈，但也不好意思表达出来。

打那以后，再遇到类似的事，她也想着拒绝，但总是担心被埋怨、被疏远，就只好委屈自己去接受。慢慢地，她成了班级里的"受气包"。

我们不难看出，小慧是典型的讨好型人格。表面上，她性格温和，乐于助人，也获得了好人缘儿。事实上，她缺乏对自我价值的肯定，认为只有满足别人的期望，才能获得认可，拥有安全感。所以，她宁愿委屈自己，也要讨好别人，甚至忽视了自己的感受，变得没有界限和底线。

但是，这种行为模式容易导致"费力不讨好"——越讨好别人，别人越认为你好说话、好欺负，越提出更多、更过分的要求，导致人际关系中的不平等。

因此，女孩要学会摆脱讨好型人格，避免过度重视他人的需求和感受，而要敢于表达自己的需求和立场。

❶ 明确个人界限

讨好型人格，往往缺乏边界意识，任意被他人的需求和期望所左右。因此，女孩要清楚自己的界限和底线，学会对不合理的要求说"不"。面对别人的请求时，你可以先问问自己："我真的想做这件事吗？这件事会成为我的负担吗？"如果答案是你不想做或会成为负担，就不要害怕拒绝。

拒绝时，你要学会委婉但坚定。比如："对不起，我有自己的事情要处理，这次可能帮不了你了。"

❷ 培养自我价值感

女孩要学会肯定和关爱自己，时常进行自我暗示："我要爱自己，取悦自己，而不是靠取悦别人来获取肯定和关爱。"

你可以每天给自己设立一个小目标，并努力完成它们，从中获得成就感。同时，你要学会客观地评价自己的优缺点，相信自己是独特的、有价值的个体。

③ 学会表达真实感受

与他人交流时，你不要总是把自己的需求放在最后，要遵从内心，大胆表达自己的真实想法。

如果你不知道怎么做，可以通过一些小练习来学会表达自己的真实感受。比如，当别人提出请求时，你可以说："我明白你的意思，但是我现在需要休息。"

记住，真正的朋友和尊重你的人，会理解并接受你的真实想法和感受的。

如果被冤枉，可以据理力争

小涵的成绩一向不怎么好，和同桌小玲相差较多。之前，她并不太在乎，最近却"醒悟"了，开始发愤学习，努力提升成绩。

果然，努力就有收获。前几天，班级进行了一次数学测试，小涵的成绩比平时高出很多。同学们有些难以置信，数学老师也有所怀疑，直接质问道："你这次考这么高的分数，是不是和小玲交换答案了？"

小涵感到十分惊讶和委屈，因为她从未做过这种事。她的同桌小玲连忙解释："老师，不是这样的，我们没有交换答案。"然而，老师并不相信，说："但是我听到其他同学说你们考试时低声耳语！"

小涵也想要解释："那是我向小玲借笔……"

老师打断她，严厉地批评道："你不用狡辩！你之前成绩那么差，怎么可能考这么高的分数！"面对这样的指控，小涵感到十分无助。她的眼眶瞬间红了，但她没有立刻反驳，只是低头默默承受。她担心，如果反驳，老师对她的评价会更低，同学们也可能会认为她"得理不饶人"。

晚上，小涵回到家，情绪低落地把这件事情告诉了妈妈。妈妈耐心地听完后对她说："如果你确定自己是清白的，那你就不该沉默。你需要据理力争，让别人知道你的真实想法。"在妈妈的鼓励下，小涵决定不再逃避。她找到数学老师，拿出自己这段时间做的试卷、时间规划表，大声地说："老师，我没有作弊！成绩进步，是我努力的结果！"

此时，数学老师才发觉自己误会了小涵，真诚地向她道了歉。

生活中，每个人都可能遇到被误解或冤枉的情况。面对误解时，许多女孩会像小涵一样，保持沉默，把委屈咽进肚子里。她们这么做的理由无非两个：一是惧怕权威，不敢争辩；二是担心争辩没有用，反而给自己招来更大的麻烦。

然而，一味地沉默或委曲求全，只会让误解加深，甚至让他人误以为你心虚、不敢辩解。

所以，如果被误解或冤枉，你一定要据理力争，坚定、冷静地表达自己的观点和立场。这样做，不仅能帮助你澄清事实，还能保护自身的权利。

更重要的是，只有勇敢地表达自己，让自己获得应有的公平和正义，你才能赢得尊重。那么，如何正确地据理力争呢？

1 保持冷静与理性

面对别人的误解或冤枉，你首先要做的是保持冷静，避免情绪失控，防止与他人发生争执或争吵。比如，你可以深呼吸几次，整理好自己的思路，然后用平和且坚定的语气清晰地表达事实。

2 用事实和逻辑说话

据理力争的关键在于理，你需要用事实和逻辑来坚定表明自己的立场。首先，要准备充分的证据和理由，如证人、记录或其他相关材料。

其次，尽量避免使用主观的情绪用语，要用具体的、清晰的事实来阐明你的观点。

③ 选择合适的时间和场合

不是所有的误解都需要当场辩解，选择合适的时间和场合非常重要。如果情况紧急或影响较大，你要立即表明自己的立场；如果情况允许，你可以先冷静下来，再找一个更利于沟通的场合进行解释。

比如，小涵没有必要在课堂上和老师争辩，这么做只会让老师下不来台，使得沟通受阻。找齐证据，到老师的办公室进行沟通、解释，效果会更好。

此外，选择有权威人士或见证人在场的环境，你会更容易得到公正对待。

班干部也不能强迫你做事

　　小佳性格温和，做事踏实，文笔还非常好，时常受到同学和老师的夸奖。班长小晴能力强，常常组织各种班级活动，但她性格有些强势，习惯指挥同学们做这做那。准备班级活动所需的策划、方案等工作，小晴通常是交代给小佳去做。

　　起初，小佳觉得为班级做点事情没什么不妥，但随着时间的推移，她感到有些不舒服了。一次，小晴在没有征询她意见的情况下，直接让她帮忙设计一份复杂的班级活动方案，而且要求必须在两天内完成。

　　小佳正忙于参加市里举办的演讲比赛，于是她说明事由，拒绝道："不好意思，我这几天没有时间，你找别人做吧。"

小晴却理所当然地说："难道你不能挤出一些时间吗？这个事情又花不了多少时间！你不能只为自己着想，却不顾班级的荣誉！"

小佳还是感到为难，说："我实在没有时间，班级里有很多文笔好的同学，你可以找别人……"

还没等小佳说完，小晴就不悦地打断她说："不行，你必须完成这个任务！作为班长，我要求你顾全大局，为班集体争荣誉。难道你要拖后腿……"

小佳很无奈，只能勉强接下任务。那两天，她每天都熬夜到凌晨一两点，结果因为太疲惫，在课上打瞌睡，被老师点名批评。

小佳很委屈，却有苦说不出。

在学校，班干部通常被赋予组织和管理班级的职责，但这并不意味着他们可以利用职务强迫其他同学做事情。班干部的职责是为班级服务，而不是命令和支配同学。强迫他人做事，无论出于何种理由，都是对他人的不尊重。

很多女孩面对班干部的要求时，会感到难以拒绝，担心拒绝会被认为不配合或"不顾全大局"，甚至害怕因此受到排挤或被"穿小鞋"。

然而，这种默默承受的态度，实际上是在纵容他人不合理地使用权力，可能会让对方变本加厉。

因此，女孩需要明白：班干部的身份并不代表他们可以随意对待他人，更不代表他们的决定总是正确的。

你可以尊重班干部，配合他处理班级事务，为班级做贡献，但要明确并维护自己的权利。

其实，你做到以下几点就可以了。

① 不屈服于"权威"

尽管对方是班干部，你也不要因为对方的职务或身份而勉强自己接受对方的要求。

如果你的学习任务很重或者有其他重要的事情，可以礼貌地说："对不起，我有更重要的事情要做，在这件事情上，我帮不上忙！"

即便他的要求是正当的，是在为班级着想，你也有拒绝的权利。更何况，有些班干部平时习惯了仗势欺人或"以权谋私"，随意指使同学为自己做事。

2 有效沟通，避免负担过重

如果你觉得班干部的有些要求是不合理的，但又不想发生冲突，可以采取适当的方式去沟通。

比如，你可以尝试对他说："我很愿意帮忙，但是这件事情有些超出我的能力范围了，你能否再找一些同学，大家一起分担，效率会更高，效果也会更好！"

这样，既化解了可能出现的冲突，又可以避免自己负担过重。

❸ 寻求老师或同学的支持

如果班干部提出的要求很过分，且态度强硬，你不妨寻求老师或同学的帮助。当然，在这个过程中，你要言之有据，让老师或同学清楚地了解到班干部的言行是不合理的。

有想法却不敢说，
所以才会被大家忽视

　　高中生小芸是个内向的女孩，在班里总是安静地坐在角落，听着同学们讨论各种话题。其实，她有很多想法，但每次准备开口时，都会犹豫不决，担心自己说的话会不被理解或遭到嘲笑。

　　一次，班主任举行班会，讨论班级社团活动的未来计划。小芸有一个很好的想法：举办一次校园读书会。她想站起来提议，但看到其他同学争先恐后地发言，心里就打退堂鼓了。她在纠结："我的想法会不会太无聊了？大家会不会不感兴趣？要是被大家忽视了，那就尴尬了。"最终，小芸选择了沉默。

　　班会结束后，老师采纳了大部分同学的意见，决定进行一次传统的文艺会演。然而，几天后，小芸偶尔听到一些同学抱怨，说希望参加一些互动性强的活动，而不仅仅是表演节目。

小芸这才意识到，自己的想法可能是许多同学所期待的。若是自己能大胆说出来，说不定能得到很多人支持，让班级活动更有趣、更热闹。

接下来，小芸尝试鼓起勇气，在同学们讨论问题时也发表自己的看法。果然，同学们并不会忽视她的想法，即便不采纳她的观点，也会给予尊重和鼓励。

在集体活动或讨论中，敢于表达自己的观点，是一种重要的沟通能力。很多女孩因为性格内向、害羞，或者怕引起不必要的关注，常常不敢或不愿表达自己的想法。但长期沉默并不能给你带来好处，反而会让你容易被大家忽视，失去许多展现自己、学习和成长的机会。

而且，你有想法却不敢说，很可能会让他人对你产生误解，甚至带来意外的伤害。

女孩，你需要知道，每个人的想法和感受都是独一无二的，值得被听到和尊重。只有敢于发出声音，你才能更清晰地定义自己在群体中的位置，或者成为群体中备受重视的那个闪闪发光的自己。

那么，如何表达自己的想法呢？

① 积极练习，自信地说出想说的话

你可以在镜子前练习，或者录下自己讲话的样子，一边练习，一边分析和改进。练习得多了，你的自信也就提高了，表达能力也会提升，自然不会不敢说了。

② 寻找安全的小圈子

如果你对面对很多人的表达感到不自在，可以先从小范围的小组讨论开始。比如，在三两个朋友或同学讨论问题时，你可以尝试加入其中，分享你的想法和观点。你也可以在父母讨论家庭问题时，积极表达自己的想法。

③ 建立自我激励机制

女孩，在你每次鼓起勇气表达自己后，可以给自己一些奖励或鼓励。不论你的表达结果如何，只要敢于尝试，就值得肯定。

比如，可以准备一个日记本，记录下自己每次勇敢发言的经历和感受，逐步建立正面的自我评价系统。坚持记录，你会越来越有动力表达自己的想法和感受。

躲角落哭，做偏激的事，都不可取

琪琪是五年级学生，平时在班里很活跃，学习成绩也不错，一直是老师和同学们眼中的"优秀学生"。然而，她期中考试的数学成绩却下降了一大截，只考了60分。数学老师当着全班同学的面批评了她："琪琪，你以前一直很优秀，这次考得太差了！"

琪琪脸红得发烫，泪水在眼眶里打转。她不敢面对同学们注视的目光，心里觉得羞愧、愤怒，又有几分委屈。她觉得老师不该当着大家的面批评她，而应该私下里和她谈。放学后，她没有和任何人打招呼，就冲出了教室。

回到家里，琪琪不想跟家人说话，把自己关在房间里大哭了一场。她心想："我再也不想学数学了，反正怎么努力也没用！"她把数学书本狠狠地摔在地上，决定放弃数学。

接下来的一段时间里，琪琪的情绪十分低落，一看到数学书和数学老师就烦躁不已，对数学课更是无比排斥，在课上她不是发呆就是写其他科的作业。

数学老师批评她，她也不在乎。父母找她谈话，她则情绪激动地表示："我就是放弃数学了！要是你们再说，我就再也不去学校了！"

父母很着急，又担心她做出过激行为，只能忍住不说，默默叹息。

琪琪行为如此偏激，是惧怕失败的表现。因为成绩差，所以她感到失望、无助；又因为害怕学不好，成绩提不上去，所以她下意识选择逃避，以便让自己回避当下的痛苦和不适感。

然而，这样的行为只能带来短暂的情绪释放，却无法真正解决问题。所以，女孩，你要学会勇敢地面对挫折和失败，向父母、朋友或同学诉说自己的恐惧和无助，寻找科学的方法来释放情绪，同时积极寻求战胜失败和解决问题的有效方式。

那么，女孩究竟应该如何应对这种情况呢？

❶ 冷静下来，不被情绪左右

不管遇到什么问题，你都要避免情绪失控，更不能做偏激的事。你要学会让自己冷静下来，想一想问题出在哪里。不妨问问自己："事情为什么会变成这样？我是不是哪里做得不对？我可以怎么改进？"

❷ 和别人交流，释放压力与压抑的情绪

感到情绪不佳时，你不要一个人独处，要找老师、家长或朋友倾诉，让不良情绪得到缓解和释放。同时，你可以从与他人的交流中，寻求新的健康的方法来解决问题。

③ 转移注意力，减少焦虑

如果感觉情绪激动，你可以尝试用运动、听音乐等方式转移注意力，或者做一些与当前情绪无关的事情，等情绪稳定下来之后，再寻求解决问题的办法。

第二章

慎重选择朋友，小心"毒友谊"

与交不到朋友相比，交到坏朋友、"毒朋友"，更容易让自己受到伤害。所以，女孩们要慎重选择朋友，警惕身边的"毒友谊"。

受伤多于欢喜，
一定是"毒友谊"

正在读六年级的茹茹刚转学到新班级，很快就认识了班里的活跃分子丽丽。丽丽很擅长交际，总是能聚集一群同学一起玩耍。茹茹觉得和丽丽在一起能够快速融入新班级，也很开心，于是与她成了朋友。

一开始，丽丽对茹茹很热情，带她参加各种活动，还向其他同学介绍她。茹茹觉得自己非常幸运，找到了一个愿意接纳她的朋友。然而，茹茹渐渐发现了不对劲。丽丽经常要求茹茹替她做各种事情，有些事茹茹明明已经表示不愿做，她还勉强茹茹去做。

更过分的是，丽丽完全不顾及茹茹的感受，当着同学的面嘲笑她。茹茹剪了头发，丽丽当众说她："你这个发型太丑了，哈哈哈！你简直就像个小丑！"这些话引得其他同学哄堂大笑。

英语课上，茹茹背诵课文不流利，丽丽嘲笑她"像一个结巴"，以此来显示自己口语好的优越感。丽丽还故意把茹茹的秘密讲给其他人，让她被别人指指点点。

茹茹心里很难过，想要表达不满，但又害怕失去这个朋友，担心自己在陌生的环境里很难再交到朋友。为此，茹茹左右为难。

很明显，茹茹遇到了"毒朋友"。她和丽丽之间的所谓友谊，是不健康的"毒友谊"。

要知道，真正的朋友不会故意伤害你，不会在任何时间和场合恶意取笑你、贬低你，更不会让你为她做不好的事情。与真正的朋友相处，你会感到真正的快乐、关爱与尊重，更会收获很多有意义的东西。

那些"毒友谊"，表面上看似亲密，实际上却充满控制、操纵、轻视和伤害。与这些"毒朋友"相处，你会感到受伤多于欢喜，甚至还会影响你的自尊心和自信心。

所以，亲爱的女孩，"毒友谊"比没有朋友更可怕，你要学会识别和远离"毒友谊"。

如果你感觉受到了伤害，你一定要及时走出有害的关系，寻找那些真正关心和支持自己的朋友。

很简单，你只需做到以下几点就可以了。

① 观察对方的言行是否尊重你

注意观察朋友是否经常以开玩笑或嘲讽的方式贬低你，或者在公共场合让你感到尴尬或不适。比如：表面与你关系亲密，但背后说你坏话，贬低你；不在意你的感受，时常在你面前和背后嘲笑你……这些都是不尊重你的表现。遇到这样的"毒朋友"，建议你尽快远离。

② 留意自己的情绪变化

如果你发现自己与某个朋友在一起时，总是有很多负面情绪，伤心多于高兴，自卑多于自信，沮丧多于乐观，那么你就需要好好审视这段友谊了。

③ 学会独立和自信，尝试与多人建立联系

当然，想要远离 "毒友谊"，女孩需要保持独立和自信。只要你足够独

立和自信，可以有效避免他人的打压、操控和伤害，就不会因为怕失去朋友
而委曲求全。

　　你可以通过多参加集体活动、培养兴趣爱好等增强自信。这样做也可
以让你与更多的人建立联系，结交更多的朋友。如此一来，即便你结束
了某段友谊，也不至于感到孤单和无助，还能从其他朋友那里获得支持和
温暖。

害怕你比她优秀的人，不适合做朋友

　　晓萱一直觉得自己很幸运，因为她有一个形影不离的好朋友小梅。从一年级开始，两人就一起上下学和写作业，一起参加学习活动和外出游玩，平时更是无话不说。

　　但从三年级开始，情况发生了一些变化。某次，晓萱在学校作文竞赛中获得一等奖，赢得全校师生的喝彩，全班同学都为她高兴和骄傲。小梅却显得有些不高兴，虽然表面上还是有说有笑，但对晓萱的态度开始慢慢变得冷淡。

　　晓萱发现，每当她在课堂上被表扬或在活动中表现出色时，小梅都会表现出不屑或者嘲讽的态度，有时甚至会说一些让人不舒服的话，比如：

"你别太得意了，这次只是运气好而已。"

不久，晓萱又在学校的运动会上拿到了短跑项目的冠军，小梅的态度变化更加明显。她开始故意忽略晓萱，有时还会在其他同学面前开她的玩笑，暗示她只会跑步，不会做其他事情。晓萱感到很难过，她不明白小梅为什么会变成这样，不知道自己做错了什么。

后来，晓萱鼓起勇气问小梅："我感觉我们的关系好像不一样了，我是不是惹你不高兴了？"

谁知小梅冷冷地回答："没有，我只是觉得你总是喜欢出风头。"

听了这话，晓萱愣在原地，不知道说什么好。

其实，小梅态度的转变是因为忌妒，她害怕晓萱变得比她优秀。

现实生活中，有很多像小梅这样的人。她们平时挺关心朋友的，发现朋友遇到困难，也会毫不犹豫地施以援手。但是，如果朋友比她们优秀，取得一些成功或成绩，她们便会心理不平衡，对待朋友的态度也变了，不是冷言冷语，就是故意使坏、下绊子。

在朋友关系中，忌妒是最容易破坏友谊的"毒药"。所以，女孩要尽量远离这样的朋友，以免让自己受到伤害。

❶ 保持冷静，开放沟通

女孩，你要认识到忌妒是人性中的一部分，每个人都会在某些时候产生忌妒心理，你也不例外。

如果朋友因为你在某些方面超过她而情绪有些低落，你不要急于指责或批评，而是要保持冷静，尽量理解对方的情绪，与她进行温和、开放的沟通，表达自己的感受，也聆听对方的想法。

只要对方为人正直且真心对待朋友，就一定会意识到自己行为的不妥，做出维护你们友谊的努力。当然，如果对方忌妒心强，沟通时仍把一切都归咎于你，那你就该尽量远离她了。

❷ 不要迎合对方，坦然接受自己的优秀

女孩，如果对方忌妒心强，因为忌妒情绪远离你，甚至打压你、排

挤你，那么你不需要为了迎合对方的情绪而刻意压抑自己的表现和成绩。相反，你要减少与这种朋友的互动，尽情表现自己，展示自己的优秀。

③ 寻找志同道合的伙伴

　　远离那些爱忌妒的朋友，你没有必要为此过于伤心，也不要对友谊感到失望，不去结交新朋友。你应该去寻找那些真正为你的成功或成绩感到高兴的人，和他们建立更深的联系，或许你就可以找到志同道合的朋友。

朋友带你逃课、作弊，拒绝并远离她

刚上七年级的安琪进入新环境后，有些焦虑和不安。幸运的是，她遇到了一个好同桌莉莉。莉莉虽然成绩不优秀，但性格活泼开朗，与男生、女生都聊得来。安琪觉得莉莉很有趣，愿意和她交往，两人的关系也很快亲密起来。

但有一天，莉莉竟悄悄地对安琪说："数学课太无聊了，不如我们逃课去操场玩吧，反正老师也不会点名。"安琪心里有些犹豫，她从来没逃过课，但是又不想让莉莉失望，最终还是跟着莉莉逃了课。

后来，莉莉又有了一些新的"点子"。一次考试前，她对安琪说："我没有复习，担心考不好。你写完卷子，把答案写到橡皮上，再把橡皮扔地上……"

安琪惊讶地说："这是作弊。被老师发现的话，我们会被通报批评！"

莉莉笑着说："没关系！老师发现不了，之前我们试过都成功了！你要是不帮忙，我再也不理你了！"安琪仍担心不已，但她不敢直接拒绝莉莉。

但经过一番思想斗争，安琪还是拒绝了莉莉。她真诚地说："我不想作弊，我觉得这样不对。你也不要作弊，这次考不好，没关系，只要你……"

莉莉却不屑地耸耸肩，骂道："不帮就不帮，没有你，我照样能找到帮我的人。哼！以后不要再理我！还有，不用你来教训我！"说完，她就转身离开了。

一开始安琪还有点儿难过，但她后来发现，若是听了莉莉的话，真的会害了自己。于是，她决定不再和莉莉过多接触。

放心吧，我的计划天衣无缝，不会被发现的。

这是作弊，被发现就麻烦了。

有些朋友表面上看起来很"酷"，喜欢做一些冒险的事情，比如逃课、作弊、打架或者其他不合规的行为。一开始，这样的行为可能会让你觉得刺激和新鲜，但长期来看，这些不良行为会对你造成严重的影响。它们不仅会影响你的学业，还可能让你陷入更大的麻烦：轻则让你沾染坏行为，受到老师、家长的批评和处罚；重则使你违反学校纪律甚至法律法规，承担更严重的后果。

因此，女孩，你要记住，真正的朋友不会引导你去做错误的事情。如果你发现朋友总是带你做坏事，或者怂恿你做危险的事，你一定要尽快远离她。

1 坚定自己的原则

面对朋友的不良行为邀请时，你要保持清醒和坚定的立场。你可以直接说："这件事情不符合我的原则，我不会做的。""这件事是错误的，我们不应该去做。"不要因为害怕失去朋友而妥协，坚守自己的底线更为重要。

如何判断一件事是否属于"坏事"呢？首先，看它是否违反法律法规、学校纪律、社会公德。其次，考虑它的后果，是否对你或别人产生负面影响，比如影响身心健康、破坏人际关系等。

2 用事实说明自己的担忧

如果你觉得直接拒绝很难，可以尝试找个折中的办法。比如，陈述事实，说出自己的担忧或事情的严重性。

③ 保持情绪稳定，不受人怂恿

很多人不愿意做坏事，却怂恿别人去做，出了什么事，他们会第一时间把自己从责任人中排除出去。比如，有人怂恿你偷拿回手机："你去吧！我在这里给你把风！"如果你不去，她就会使用"激将法"："你也太尿了！这么小的事都不敢，不去算了！你就是胆小鬼！"

这样的人，是最靠不住的。一旦出了事情，不但不承担责任，还会把责任推给你，甚至嘲笑你。因此，面对这样的人，你一定要保持情绪稳定，并尽快远离。

回回都是你出钱，
其实就是欺负你

　　四年级的乐乐是个性格开朗的女孩，平时和同学们关系很好。最近，她和班里的小乔、小冰和玲玲组成了一个小团体，四个人放学后经常一起去买零食、玩耍。起初，乐乐觉得非常开心，因为有了三个可以分享快乐的好朋友。

　　但慢慢地，乐乐发现，每次她们出去玩，到最后都会变成她不自觉地付钱的局面。第一次去学校门口的小卖部，小乔说："乐乐，你帮我先付一下，下次我再请你。"乐乐毫不犹豫地答应了。后来，小冰和玲玲也开始让乐乐先垫付，说"忘带零花钱了"。

　　再后来，这样的情况越来越频繁。甚至发展到，每次买零食和玩具时，小乔她们都只顾挑选自己喜欢的，然后站在那里，等乐乐付钱。

一次，乐乐鼓起勇气说："我今天也没带太多钱，你们自己付吧。"结果，小乔却半开玩笑半认真地说："哎呀，你不是家里条件好吗？这点小钱还用在意吗？"乐乐顿时感到不安和委屈，她觉得自己被利用了，但又不敢拒绝，怕失去这些朋友。

后来，乐乐和妈妈谈起这件事。妈妈耐心地对她说："真正的朋友应该是互相尊重和平等的，而不是一味地让你付出。你需要明确地表达自己的感受，如果她们愿意接受，说明她们当你是朋友；相反，她们就是把你当'提款机'，故意欺负你。"

经过思考，乐乐决定尝试和朋友们谈谈。她对小乔、小冰和玲玲说："我很喜欢和你们一起玩，但是我希望我们之间能公平一点，每次都是我付钱让我有些不舒服。"

结果，小乔她们却恼羞成怒，说乐乐太计较，愤然离开了。直到这时，乐乐才发现，她们真的在欺负自己，并没有把自己当朋友。

在朋友之间，互相帮助和分享是很正常的事情，但如果总是单方面付出，这种友谊就失去了平衡。

小乔等人总是让乐乐付钱，既不还钱，也不回请乐乐，就是在利用和欺负她。而且，像她们这样的人爱占小便宜，不懂得付出，在品德上是存在问题的。

所以，女孩，如果你发现自己身边有这样的朋友，不要为了维持所谓的友谊而不敢拒绝。你越是不拒绝，对方越会变本加厉。

那么，面对这种情况你应该如何处理呢？

1 学会直接表达不满

如果你觉得自己在友谊中总是被利用，你要勇敢地表达出来。你可以说："我喜欢和你们在一起，但每次都是我出钱，我觉得这样不公平。"你要直接表达自己的不满，让对方知道你不愿再继续保持这样的相处模式。

② 观察朋友的态度和表现，做出正确的选择

表达不满后，你要注意观察朋友的态度和表现：如果她们认识到自己的错误，并愿意做出改变，那么说明她们在乎这段友谊；如果她们不以为意甚至抱怨、讽刺你，那么说明她们根本不在乎你，只在乎自己的利益。

这个时候，你就需要做出正确选择了。

③ 提出替代的相处方式

女孩，你要知道友谊的维护靠的是真诚、真心，而不是金钱。所以，你可以提议跟朋友们进行一些不需要花费太多钱的活动，比如到公园跑步、游戏等。

这种方式，不但能让你少花钱，还能考验对方友谊的真诚度，看看她们是否愿意和你一起做不花钱的事情。

她今天可以欺凌别人，明天也可以欺凌你

菲菲很美慕班里的同学艾琳，因为艾琳看起来总是那么自信、大胆，几乎是全班同学的"领导者"。菲菲想和艾琳交朋友，艾琳也接受了她。菲菲觉得非常荣幸，每天都跟在艾琳后面，加入了她们的小圈子。几个人一起吃饭，一起上下课。

一次课间，她们几个人准备到操场参加活动，在走廊上遇到了同学小芳。小芳性格内向，平时不怎么爱说话。艾琳突然用尖锐的语气说："看她那副模样，真像一只没主意的小猫！"其他几个女孩也跟着笑了起来。菲菲看着小芳尴尬的表情，心里有些不舒服，但她没有说话，只是勉强挤出一丝笑容。

接下来的几天，艾琳开始频繁地捉弄小芳，当众嘲笑她"不说话，像个哑巴"，还故意把她的作业撕掉。

菲菲逐渐意识到艾琳的行为不对，但她不知道该如何应对。她对自己说："她的行为是不对的，我应该远离她。"但她随即又劝慰自己，"她是我的朋友，不会欺负我。只要我不欺负别人，就可以了。"

正在菲菲犹豫不决时，发生了一件事，让她下定了决心。一天，在班会上，艾琳竟当众嘲笑菲菲的字迹难看，这让菲菲彻底明白了：艾琳不仅欺负小芳，现在也开始针对她了。此时，菲菲决定不再跟随艾琳的步调，逐渐疏远她。

后来，菲菲在和其他朋友交流时，了解到艾琳也曾经在小学低年级时欺凌过其他同学。菲菲意识到，这样的人很难改变，今天欺凌别人，明天就可能会欺凌自己。

在学校里，有些同学可能表现得很有领导力或魅力，但如果他们的"领导"是通过贬低、嘲笑、欺凌他人来获得关注和掌控权的，那么他们这种行为其实是不健康的。

女孩可能会因为害怕被孤立或者想融入一个"受欢迎"的团体，而默许甚至参与这些不良行为。然而，今天她们欺凌别人，明天就可能转而对你做同样的事。

所以，远离那些喜欢欺凌别人的朋友是很重要的，这是你保护自己和他人的第一步。

1 认识到欺凌行为是不道德且有害的

女孩，你要明白，欺凌别人是错误的，是不道德的。它不仅会给受害者带来心理和情感上的伤害，还会对其自尊和自信造成不良影响。所谓"近朱者赤，近墨者黑"，如果你选择与欺凌别人的人为伍，时间长了，必然会受其影响，对自己的"三观"和行为都产生负面影响。

很多时候，欺凌者会利用你，让你被迫成为帮凶。

2 识别欺凌行为，判断朋友是否喜欢欺凌别人

人的行为是复杂的，有些欺凌行为是显性的，有些欺凌行为则是隐性的。所以，你要关注朋友的行为，学会识别其是否属于欺凌行为。

比如，她是否总是对别人冷嘲热讽？是否经常以恶作剧、言语攻击或者孤立他人的方式表现自己？是否尊重别人，对别人态度友善？

③ 不做旁观者，更不做附和者

如果你目睹了朋友的欺凌行为，你不要沉默或勉强附和，你可以温和但坚定地说："我觉得这样做不太好。"或者直接离开现场。这样，你不仅表明了自己的态度，还能避免被拖入不健康的行为模式中。

我觉得这样做不太好，我不想参与。

你还可以给予被欺凌者支持和帮助，或是告知老师，或者帮其脱困。当然，前提是保证自己的安全。

第三章

对抗校园欺凌，关键是勇敢和自信

现在，校园欺凌事件频发，有些女孩被孤立、勒索、欺凌，不但人身安全受到侵害，心理健康也严重受损。对于校园欺凌，你越是忍受，对方便越肆无忌惮。因此，女孩，你要勇敢起来，大胆且智慧地反抗。

被小团体孤立，
不要认为是自己的错

悦悦最近感到很孤独，原本和班里的几个女孩玩得很好，但最近她发现，那些平时一起吃午饭、一起聊天的朋友开始对她冷淡起来。每次她走过去，大家都突然停止说话，互相交换一个眼神，然后假装忙着做别的事情。

悦悦感到很困惑和不安，不知道自己是不是做错了什么。这天，悦悦鼓起勇气，询问其中一个女孩小霜："是不是我做了什么事，让你们不开心了？"

小霜很冷淡，只是回答："没有啦。"

不久，悦悦听到其他同学的闲言碎语，才知道有人在背后散布关于她的谣言，说她"太爱出风头"，还说她在老师面前表现得过于积极。悦悦心里很委屈，她只是喜欢发言和参与活动，并没有想要引起谁的关注。她不明白，为什么她的这些行为会引来孤立和排斥？

经过几天的沉思，悦悦决定去找班主任，坦诚自己的感受，并询问自己是否有需要改进的地方。班主任听后对她说："你没有做错任何事，做自己喜欢的事情不是什么罪过。别人对你的看法，往往反映的是他们的内心问题，而不是你的问题。"

悦悦意识到，孤立她的小团体只是因为忌妒和不满，而不是她真的做错了什么。她开始把注意力放在自己的兴趣上，比如绘画和阅读，并加入了学校的艺术俱乐部，认识了一些新朋友。渐渐地，悦悦不再在意那些排斥她的人的想法，变得更加自信。

在学校里，小团体是很常见的。尤其是女孩们，很容易形成小团队，排挤和孤立"与自己不合"的人。

很多女孩在被孤立时，首先会怀疑自己，觉得是不是自己哪里做得不对，才被别人排斥。她们可能会感到沮丧，为了重新融入集体而改变自己的行为或态度。

然而，女孩，我想对你说，被孤立或排挤，不一定是你的错。很多时候，那些人只是忌妒、挑刺儿，或是一时兴起，便会孤立他人。

所以说，遇到这种情况，你一定要摆正心态，保持自信，而不是一味地自我怀疑。具体来说，你需要做到以下几点。

1 识别排斥行为的根源

试着冷静分析同学的行为，了解她们孤立你的原因。如果是因为你的某些行为触及了她们的敏感点，比如过于积极或表现出色，让她们感到压力，你应该明白，这其实是她们的心理问题，而不是你的错。

如果的确是自己做错了事，或一些行为引起了其他人误会，需要及时与对方沟通，化解矛盾或冲突。

2 不卑不亢，不要幻想用委屈自己换取所谓的友谊

一些女孩发现自己被孤立，第一反应就是否定自己，认为是自己的错，

然后为了重新回到"圈子"里，毫无道理地道歉，甚至低三下四地讨好、央求。

但这样真的能让对方接纳你吗？

实话告诉你，这样的做法是大错特错的。古人说："自尊者人恒尊之。"意思是，你懂得自尊自爱，别人才会尊重你、爱你。若是你不顾及自尊，讨好人家，对方就更看不起你了。结果只能是，对方更加孤立你，甚至会欺负你、嘲讽你。

所以，正确的做法是不卑不亢，做真实的自己，与那些人合则聚，不合则散。

③ 提升自己的抗压能力

在面对孤立的情况下，你要学会缓解消极情绪，排解压力，增强自信。你可以试着做一些让自己快乐的事情，比如阅读、听音乐，或者学习一种新技能。同时，你要进行积极的自我暗示，告诉自己："这不是我的错！"你可以积极参加班集体活动，加入和谐、友爱的大集体。

被嘲笑"笨""丑"，
第一次就反击回去

安安是个文静的女孩，喜欢安静地看书和画画。不过，她的数学成绩不太好，因此成为班里几个同学的嘲弄对象。

某次数学测试后，那几个同学来到安安课桌前，故意大声说："安安，你这次考了多少分？快让我们看看！""听说咱们班只有一个人不及格，不会又是你吧！"

说着，他们抢过安安的试卷。发现她只考了 70 多分后，一个叫明明的同学大笑着说："哈哈，你太笨了，竟然只考了这么点分！哎哟！这道题这么简单，你竟然算错了！"

听了这话，一些同学也开始窃笑，低着头讨论着什么。

安安的脸一下子红了起来，她心里感到无比羞辱和委屈。但很快，她冷静下来，深吸了一口气，然后用清晰而坚定的语气回击道："我在学习上确实有不擅长的地方，但我有其他优点，比如我画画得很好。所以，你不能嘲笑我，嘲笑我并不会让你变得更聪明。"

教室里顿时安静下来。明明有些尴尬地低下头，其他同学也不再笑了。打那以后，没有人再敢随意嘲笑安安了。

很多时候，一些坏小孩会因为别人的一些小缺点、小错误而嘲笑对方，甚至发展成为恶意的讽刺、贬低。

很多女孩本就因为缺点、错误而感到自卑、沮丧，所以被嘲笑时，会不自觉地选择沉默或退缩。在她们看来，忍耐是最好的解决办法。

实际上，忍耐只会让对方觉得你是个容易被欺负的对象，甚至会变本加厉。这种情况持续的时间长了，会让你的心理压力越来越大，自卑越来越严重。

所以，亲爱的女孩，面对嘲笑，你应该第一次就勇敢反击。当然，反击不意味着用恶言恶语回击对方，而是用冷静而坚定的语气表明自己的感受和立场，展示自己的底线。

这样的反应能让对方意识到你的态度和决心，从而减少你被进一步嘲笑或欺负的可能性。

① 直接面对对方的嘲笑

女孩，你没必要感到羞愧，也不要逃避。深呼吸，控制情绪，然后直视对方的眼睛，表达出你坚定和不畏惧的态度。这样，对方就会意识到你不是好欺负的对象，不会再做出过分的行为。

② 明确表达你的不满

直面对方后，你可以用清晰而坚定的语言表达自己的不满，制止对方的行为。

比如，你可以说："你在嘲笑我，这样很不尊重人。""我不喜欢你这么说我，请停止你的行为！"

反击的时候，一定要保持情绪稳定，避免生气或恼羞成怒。

因为很多时候，你越是生气，越是恼羞成怒，对方越兴奋，越会变本加厉地刺激你。

还有，反击之后可以立即离开，不给对方回应的机会，这样更有利于掌握主动权。

没错，我数学不太行，但我画的画能让你的数学书封面更好看哦！

③ 用幽默化解攻击

当别人嘲笑你时，你还可以用幽默的方式来反击。比如，你可以用调侃的语气说："是呀，我数学不好，但我在其他方面很厉害呢！"

幽默是一种强大的工具，它能化解冲突，显示出你面对挑战时的机智与从容。

同时，幽默的态度还可以让旁观者看到你的大度和自信，让他们意识到你强大的内心。

老师的刻意忽视，一定要和父母说

七年级学生小敏是个热爱学习的女孩，总是认真完成作业，上课积极发言。然而，最近她发现班主任老师似乎在刻意忽视她。无论她怎么举手发言，老师总是好像看不见一样，几次叫了其他同学却始终不点她的名字。课后，老师也很少和她交流。其他同学和老师打招呼，老师总是笑着回应，而她和老师打招呼，却得到冷淡回应甚至不回应。

一开始，小敏以为是自己表现得不够好，于是更加努力地学习。但情况并没有改善，老师依然忽视她，甚至在班级活动中也不考虑她的意见。

小敏感到很无助和沮丧，情绪也越来越低落。她不知道如何应对，也不知道该向谁倾诉，只能把苦恼写在日记上。但这样做的效果并不好，

小敏越来越焦虑，没有心思学习，甚至开始排斥上学。

很快，妈妈看出了她的异常，问她发生了什么。小敏犹豫不决，不知道该不该向妈妈说出真相。

看来不是你做错了什么，而是老师的"眼镜度数"需要调整。

在学校里，大部分老师是爱孩子的，但也有少部分老师可能因为一些原因，故意针对或刻意忽视某个孩子。

面对这种情况，很多女孩往往会感到无助，不知所措，或者认为自己不够好，做错了事，才导致老师不喜欢自己。

事实上，这样的行为也属于欺凌。女孩，如果你感到被针对、被刻意忽视，应该及时向父母求助，说明事实。只有这样，才有助于解决问题。

❶ 冷静分析老师忽视你的原因

发现被某位老师刻意忽视，你先不要急于下结论，而是试着回想最近的行为和表现，分析老师忽视你的可能原因。是不是你在某件事上表现得不够好，还是某件事让老师产生了误会？

如果找不到明确的原因，你可以询问其他同学，从侧面了解缘由。同时，你还需要判断老师的忽视是有意的还是无意的。

❷ 尝试与老师直接沟通

如果你认为老师的忽视是无意的，你就可以勇敢地选择与老师进行一次直接的沟通。你可以在下课后，礼貌地对老师说："老师，我注意到最近您好像对我有些忽视，我想知道是不是我有什么地方做得不够好？"

这种态度诚恳且积极，既表达了你的感受，又可以让老师发现问题，并帮助你解决问题。

③ 及时告诉父母或监护人

如果你尝试沟通无效，或者发现老师是故意针对你，刻意忽视你，你一定要及时告诉父母或监护人。他们能够为你提供支持，并帮助你采取更进一步的行动。记住，父母是你最可靠的后盾，及时寻求他们的帮助不要害怕。

老师，最近我有点儿"隐形"，是不是我哪里做得不够好？

被高年级学生索要财物，机智选择应对方式

每次上学或放学，小月都会下意识地加快脚步，迅速往教室里或校门口走，每到这时她的心总是悬着。她很紧张，因为她知道操场的一角，总有两个高年级的男生等着她。

最初，他们只是开玩笑说："嘿，小月，给我们买瓶饮料吧！"小月觉得无伤大雅，没多想就答应了。

但随着时间推移，情况变得越来越严重。两人开始频繁拦住小月，不再是简单的玩笑，而是直接让她拿钱。小月明白，继续顺从只会让对方变本加厉。她开始在心里策划一个摆脱的方法，既要让对方明白她不好欺负，又不想将事情闹大。

一天，当两个男生再次把她拦住时，小月假装无意地说："我今天没带钱，不过我认识校门口的保安叔叔，他经常和我爸爸聊天，要不你们跟我一起去找他说说？"两个男生听了，顿时显得有些慌乱，赶紧摆手拒绝。

就这样，小月抓住机会，迅速脱身，事后这两个男生再也没找过她的麻烦。

在学校里，有些高年级学生会仗着自己年龄和体形的优势，对低年级学生进行霸凌，比如索要财物等。这种情况如果不及时处置，不仅会损害自己的权益，还可能让对方更加猖狂。

遇到这种情况，女孩们，尤其是身材矮小、胆子不大的女孩，更是感到恐惧和无助，不知道如何保护自己。其实，只要你能勇敢一些，学会机智应对，就可以妥善解决问题。

那么，应该如何去做呢？

① 利用周围的环境和资源

如果你发现自己被高年级学生拦住，可以第一时间观察周围的环境，寻找能帮助你的资源或他人。比如，你可以假装看到老师、保安或者其他权威人士，大声招呼他们："××，见到您真高兴，我正要找您呢！"这种方法既能让对方感到威胁，也能引起他人的注意，从而使自己脱离困境。

不过，你要记住：要表现得自然，迅速转移对方的注意力，不要表现出惊慌失措。

② 巧妙编造理由，暂时脱身

如果对方逼迫你交出财物，你可以试着编造一个让他们失去兴趣的理由。比如，你可以说："今天我没带钱，但可以给你们写个借条。"不正面拒绝对方，可以让你赢得时间，争取到寻求帮助的机会。

③ 立即寻求成年人的帮助

你一旦成功脱身，不要犹豫，马上告诉老师、保安或家长，把事情的经过详细地讲出来。你需要向他们说明你受到了威胁，并寻求保护和干预。

记住，寻求帮助并不丢脸，反而是勇敢的表现。你的安全和权益永远是最重要的，勇敢地站出来，才能有效阻止这种行为继续发生。

多交朋友，避免成为欺凌者的目标

在上四年级的妮妮很文静，不喜欢热闹，也不喜欢参加各种活动，平时课间总喜欢一个人在座位上画画。

最近，她感到有点儿烦恼，因为班上几个调皮的男孩开始拿她开玩笑，说她是"班级的隐形人"。他们的玩笑逐渐变得有些过分，有时他们甚至故意把她的画本藏起来，还在她的座位上放小字条，上面写着一些取笑她的话。

妮妮起初选择无视他们的行为，因为她不喜欢冲突，但她发现事情并没有变好，反而越来越糟糕。妮妮很苦恼，思考如何摆脱被欺负的困境。

后来，她找到了好方法。那天，她正在画画，同学小楠走过来坐在她

的旁边，笑着问她："你画画真的很棒，你愿意教我吗？"妮妮有些惊讶，痛快地答应了她。之后，小楠经常和妮妮一起画画，并拉来几个对画画感兴趣的同学，几个人的关系越来越好。

与此同时，那些以前欺负妮妮的男孩看到妮妮不再孤单，也开始减少了对她的捉弄。

妮妮这才意识到，有朋友在身边的感觉真好，不仅让她感到被接纳和支持，也让那些欺凌者不再把她当作目标。

原来友情就是最强大的
"防欺凌护盾"啊！

那些看起来孤单、缺乏朋友的孩子往往更容易成为欺凌者的目标，因为欺凌者认为他们没有人支持和帮助，比较容易得手。

换句话说，如果你因为性格内向或者害羞，喜欢一个人独处，那么与其他女孩相比，你更容易被那些喜欢捉弄或欺负别人的人盯上。

所以，亲爱的女孩，就算你内向，喜欢安静，也要交朋友。有朋友在身边，即便一两个，你的存在感和力量感都会大大增强，让欺凌者不敢随意欺负你。

当然，想要交到朋友，你要先学会以下技巧。

❶ 积极主动地参与集体活动

你要多参加学校组织的各种活动，比如体育比赛、音乐会、科学展览等，这是结识新朋友的好机会。在活动中，你可以展示自己的特长和兴趣，吸引那些和你志同道合的同学。同时，集体活动能增加你与他人的互动，逐渐消除彼此间的陌生感和隔阂。

女孩，你要勇敢地迈出第一步。即使一开始你会感到有点儿尴尬，也不要退缩，多尝试几次，你会发现自己慢慢地融入了新的圈子。

❷ 掌握表达和聆听的技巧

学会与人交流是交朋友的基础。你可以从倾听开始，当别人分享他们的故事和感受时，你要真诚地表现出对分享内容的兴趣，并给予回应。

你还要学会表达自己，真诚地说出自己的想法和感受，及时表达对朋友的关心。你说话就算不能滔滔不绝，但只要足够真诚，也可以赢得友谊。

③ 通过兴趣爱好结识新朋友

你可以参加一些感兴趣的活动或社团，比如书法、运动、编程或者绘画等。在这些地方，你会遇到和你有相同爱好的人，互相学习、分享经验，建立友谊。而且，这种友谊通常更加牢固和持久，能让你在面对欺凌时，获得更多的支持和力量。

第四章

面对陌生人，多一些谨慎，少一些危险

陌生人，有好人，也有坏人。你不必对所有陌生人怀有敌意，更不必远离一切陌生人，但必须提高警惕，不轻易相信陌生人，尤其不能单独与陌生人在家里或封闭偏僻的地方会面，吃陌生人给的食物等。

可以给陌生人指路，但不要带路

　　小悠是五年级的学生，她每天放学后都会沿着同样的路线步行回家。这条路她再熟悉不过了，能清晰记住两旁的每棵树木、每个店铺。

　　某天放学路上，一个看起来挺和蔼的陌生人拦住了她的去路。

　　"你好，小朋友，"陌生人微笑着说，"叔叔迷路了，请问从这里怎么去社区公园？"

　　小悠下意识地退后了一步，见这个人很友善，她只是犹豫了一下，就指着前方说："一直往前走，过两个路口右转就到了。"

　　陌生人似乎有点儿不满意，继续说道："我还是不太清楚，你能不能带我过去啊？"

小悠心中警铃大作，立刻想起父母和老师所说的"不要轻易相信陌生人，不要给陌生人带路"。于是，她礼貌但坚定地回应："对不起，我不能带你去，我还有事情要做。你可以问问那边的店员，他们应该也知道。"说完，她快速离开了那个地方。

回到家后，小悠马上把这件事情告诉了妈妈。妈妈夸她做得很好，保持了警惕性，并及时脱身。

后来她得知，这位"迷路"的陌生人之前在附近也试图向其他孩子搭讪，幸亏邻里之间互相提醒，才避免了更多的潜在危险。

在日常生活中，女孩会遇到形形色色的陌生人。有些陌生人可能只是善意的路人，真的需要帮助。但也有一些人心怀不轨，试图利用孩子的天真和善良达到他们的不法目的。特别是一些坏人可能会提出一些看似合理的请求，比如请孩子带路、帮忙提东西，或者给厕所的朋友送卫生纸等，让孩子放松警惕。

遇到类似情况，女孩一定要提高警惕，保护自己的安全。

千万不要觉得"不助人为乐，就是不善良"。女孩，你要记住：无论对方表现得多么真诚，你的安全永远是第一位的。

大胆拒绝，不仅是对自己的保护，也是对潜在威胁者的一个警示，防止他做出对你不利的举动。

那么，如何保护自己的安全呢？

1 可以指路，但不要带路

遇到陌生人问路，你可以给他指路，但千万要记住，不要给他带路。即便你非常熟悉周围环境，也不要带他去某个地方。

即使对方多次请求，你也要坚定地拒绝，比如说："对不起，我不能帮忙。"这样可以表明你有自己的底线，不会被轻易说服。

同时，你要迅速结束对话，避免陷入不必要的危险。

② 迅速离开现场，寻找安全的地方

一旦察觉到对方的不正常行为或言语，要立刻离开现场，寻找人多的地方或去熟悉的商店。比如，快步走向一个店铺，或者直接走到公安局、消防站门口。这种方法既能让对方感到紧张，也能让你更安全地脱离潜在的危险环境。

3 保持警觉，随时准备呼救

如果你觉得情况不对劲，你就要时刻保持警觉，随时准备大声呼救。你可以把电话手表或手机拿在手里，迅速拨打紧急电话，或者用喊叫的方式引起周围人的注意。

不要因为害怕或者羞于开口而犹豫不决，遇到任何让你感到不安的情况，你都应该第一时间寻求帮助。

紧闭嘴巴，个人和家庭信息不能随便说

周末下午，阳光明媚，静静带着她的小狗在小区公园里玩耍。一个戴着墨镜的陌生女人走过来，热情地和她打招呼："哎呀，这只小狗真可爱！是你的吗？"静静点了点头。

女人继续笑着问："你家住在附近吧？爸爸妈妈是做什么工作的呀？"

静静感觉有些不对劲。她记得爸爸妈妈曾反复告诫过她，绝不能随便告诉陌生人关于家庭的任何信息。于是，她装出一副无所谓的样子，笑着说："我家住得很远呢，我在这儿玩。"陌生女人不依不饶地继续问："哦？那你经常一个人出来玩吗？你爸爸妈妈放心吗？"

静静心里开始紧张，她意识到这个女人可能是在试探她，于是她迅速想到一个办法。她立刻笑着转向不远处的保安叔叔，挥手大声喊道："叔叔，你看我家的小狗多可爱啊！"听了这话，保安叔叔朝她走来。陌生女人的笑容瞬间僵住了，她随即匆匆离开。

回到家后，静静把这件事讲给了妈妈听。妈妈感到又担心又欣慰，夸她做得非常对，并提醒她再遇到类似情况时，一定要保持警惕，尽快远离可疑的人。

与陌生人接触时，很多女孩警惕性不高，会轻易泄露个人和家庭信息，比如家庭住址、父母工作、个人喜好等。或者是一开始她们还能做到闭口不说，但别人哄骗和称赞几句，或使用一些技巧，她们就和盘托出了。

然而，这些信息如果落入别有用心的人手中，可能会被用来做坏事，比如定位你的家庭位置，观察你的行动规律，甚至伺机对你或家人进行欺诈、绑架等危险行为。

所以，女孩，当有人询问这些信息时，你一定要保持警惕，不要因为对方的笑容和友好的语气就放松警惕，也不要因为对方的称赞或诱导而掉以轻心。

无论是线上还是线下，不管对方表现得多么"无害"，只要提问涉及个人信息，你都应该拒绝回答。

1 简短回答，给出模糊性答案

当陌生人询问你的个人或家庭信息时，你可以用简短而不明确的回答避免深谈。比如，对方问你家住哪里时，你不要说具体的街道和门牌号，可以简单地回答："在附近。"问你父母的工作时，你不要说具体的职业、工作单位，可以模糊地说："打工的。"

保持对话的模糊性，让对方无从获取具体信息，这是防止信息泄露的第一步。

② 利用反问转移话题

当感到对方的问题越来越深入时，你可以用反问的方式来转移话题，减少自己透露信息的可能性。比如，对方问起父母的工作时，你可以礼貌地反问："为什么问这个呢？""你是做什么工作的？"这样不仅可以让对方意识到你对他的意图有所怀疑，也能有效地打断对方的思路，转移他的注意力。

③ 随时准备结束对话

如果对方持续追问，或者让你感到不安，那么你不要犹豫，直接结束对话。你可以简单地说："不好意思，我还有事，要走了。"然后迅速离开现场或走进人多的地方，寻求安全之所。

陌生人给的东西，不要碰，不要吃

某个周末，在上三年级的小艾和表姐小诺在楼下的花园里玩耍。天气很热，她们在秋千上荡了一会儿，就跑到旁边的树荫下休息。

这时，一个穿着清洁工制服的中年女人走了过来，笑着对她们说："你们两个小朋友，累了吧？天气这么热，我这里有刚买的冰激凌，要不要吃一根？"

小艾盯着看起来凉爽可口的冰淇淋，准备伸手去拿。小诺马上拉了她一下，轻声说："大人说过，不要随便吃陌生人给的东西。你忘记了？"

小艾看了眼表姐，转而礼貌地拒绝："谢谢阿姨，我们不吃冰激凌。"

中年女人依旧笑得很亲切："没关系的。我也有女儿，和你们一样大。

我知道你们小孩子都喜欢这些，所以你们不用客气。"

这下，小诺更警觉了。她转过身拉着小艾就往花园另一侧的人群走去，没有再回头。

回到家后，她们把这件事告诉了妈妈。妈妈对她们说："你们做得很对，很多不法分子会利用这样的'好意'来接近孩子，冰激凌里面可能有药物或者其他危险的东西。"

小艾感到有些后怕，但也很庆幸自己没有接受陌生人的"好意"。

生活中，我们有时会遇到陌生人出于"好意"提供的食物或小礼物，特别是面对小孩子时，这种情况更为常见。一些人可能真的只是出于善意，但也有一些人会利用这种方式来接近孩子，进行不轨行为。

比如：一些人会在食物中掺入"迷药"，把孩子迷晕，趁机带走；一些人会在饮料中加入"毒品"或药物，或者直接给孩子用毒品伪装的饮料、糖果。

所以，拒绝陌生人的食物是一种有效的自我保护手段。不管对方看起来多么友善，不管食物多么诱人，你都要坚定地拒绝，不要碰，不要吃。

① 拒绝并迅速离开现场

当陌生人给你提供食物或礼物时，你要果断地说"不"，并迅速离开现场。如果对方继续坚持，你可以说："谢谢，不用了。"说完，你要迅速走向附近的安全区域或寻找熟悉的人。

同时，与陌生人说话的时候，要保持一定的距离，避免进一步接触，让自己有更多的时间思考和应对。

② 找借口拒绝

如果直接拒绝感觉太难或者会引起对方不快，你可以用借口来回避。比如说："妈妈不让我随便吃别人给的东西。"或者说："不好意思，我牙

疼，不能吃糖果。"这样不仅委婉地拒绝了对方，也表现出你有家庭的支

持，让对方不敢轻易冒犯。

谢谢阿姨，我们有点儿急事，
冰激凌就留给您女儿吧！

3 保持警觉并随时告知大人

任何时候，如果你感到不安或者怀疑对方的意图，一定要及时告诉家

长、老师或社区的成年人，让他们知道发生了什么，并及时获得他们的

帮助。

一个人在家收外卖，等人走了再开门

周三下午，七年级的雨晴放学比平常早，又遇到爸爸妈妈加班晚归，所以，她决定点一份外卖来解决晚餐问题。

过了一会儿，外卖员打电话说："你好，我已经到了你家门口。"

雨晴透过猫眼看到一个戴着帽子的外卖员，正站在门口四处张望。她正想要打开门，突然想起妈妈的话："一个人在家时，收外卖要小心，最好等外卖员走了再开门。"于是，她在电话里对外卖员说："好的，请把外卖放在门口桌子上吧。"

外卖员显得有些不耐烦，说道："你出来拿吧，我要等下一个订单。"

雨晴心里有些紧张，但她保持冷静，依旧礼貌地重复："不好意思，您放下就好，我马上出来拿。"

　　外卖员嘀咕了几句，把外卖放下转身离开。雨晴等了几分钟，确认他真的走了，才打开门取回了外卖。

不好意思，您放下就好，谢谢。

独自在家时，女孩们会遇到各种情况，比如取外卖、收快递或陌生人敲门等。这些时候，保持警惕和采取正确的行动尤为重要。外卖员或快递员虽然看起来是服务人员，但由于这些行业人员构成复杂且容易冒充，我们无法知道他们的真实意图。

所以，女孩一个人在家时，遇到外卖员或快递员以及其他陌生人敲门，最好不要直接开。保持警觉，才能更好地保护自己。

① 利用猫眼或摄像头确认身份

开门之前，先通过猫眼或门铃摄像头确认外卖员或陌生人的身份，确认其是否存在可疑行为，比如东张西望，戴着鸭舌帽或口罩，让人看不清真实面目，等等。

千万不要因为对方穿着制服或拿着外卖袋就放松警惕，因为现在很多人会冒充外卖员、快递员来骗取他人信任。

确认对方是可信的人后，再决定是否开门。

② 保持距离，让对方先放下物品

不论对方如何催促，你都要坚持让对方将物品放在门外。你可以礼貌地说："麻烦把东西放在门口，我等会儿拿。"

同时，你要注意确定对方真的离开后再开门拿物品。你可以先等几分钟，再开门，而不是急着开门。

保持这种安全距离，能避免与陌生人近距离接触，减少潜在的危险。

③ 不要透露自己一个人在家

独自在家时，尽量不要透露自己是一个人。开门前，你可以故意大声说："爸爸，外卖到了。好的，我去拿吧！"如果外卖员问起家里有没有大人时，你可以简单地回答："家里有人，爸爸在忙。"

这种方法可以让对方知道你并不孤单，从而减少被侵扰的风险。

有人故意摔倒在你的面前，报警就好了

那天放学后，小米独自走在回家的路上，正琢磨着晚饭吃什么。突然，她看到前方有位老人摔倒了，躺在地上呻吟着。小米下意识地停下脚步，犹豫着要不要把老人扶起来。

就在她要上前时，身边的一位阿姨拉住她的胳膊，小声提醒道："小姑娘，别冲动！最好不要随便扶故意摔倒的老人。"

小米这才回过神来，随即拿出手机，迅速拨打了110报警。她告诉警察自己看到的情况和位置，请求帮助。

没过多久，警察和救护车就赶到了现场，对老人进行了身体检查。原来，老人确实受伤了，但还好小米没有贸然上前搀扶，否则可能会因为不当操作加重老人的伤势。

　　警察表扬了小米的冷静和正确判断，还鼓励她再遇到这种情况时，还是不要直接上前搀扶为好，应该像这次一样，直接寻求专业帮助。

　　生活中，女孩们常会遇到一些突发情况，比如看到有人突然摔倒在自己面前。在这种情况下，你出于善良，本能的反应可能是上前帮忙，但这种盲目举动可能存在风险，因为你无法确定现场是否有潜在的危险。

有些坏人往往会故意摔倒或装病，利用别人的好心进行欺诈，尤其会针对单纯、善良的孩子。这种情况下，如果你贸然靠近，很可能给自己和父母带来巨大麻烦。

所以，对于女孩来说，正确的做法是保持冷静，远离危险区域。具体来说，可以参照以下几点来应对。

1 迅速判断情况，保持安全距离

看到陌生人尤其是老人摔倒，你首先要停在原地，不要急于靠近。然后，观察周围环境和摔倒者的行为举止，判断是否存在异常。

如果有手机或能摄像的电话手表，你可以一边摄像，一边慢慢靠近，询问对方发生了什么事，身体有什么不舒服。即便这样，你也要保持一定距离，不要贸然搀扶或搬动对方的身体。

2 拨打紧急电话求助

你应该立刻拨打 110 报警或 120 急救电话，告知警方或医护人员现场位置和具体情况。向专业人员求助，既能为需要帮助的人提供及时救援，又能避免自己因处理不当卷入麻烦。

记住，这个时候，一定要保持通话简洁、明了，让救援人员迅速找到你的位置。

3 寻求周围成年人或专业人士的帮助

如果你发现周围有成年人，如店员、保安或社区志愿者，你要主动请求他们帮助处理。如果附近有派出所、消防站或社区诊所，你最好前去求助，寻求专业人士的帮助。

让成年人代为介入处理，自己保持距离观察，这样既安全，又能及时应对突发情况。

"馅饼"变陷阱，小便宜可占不得

在放学回家的路上，琪琪发现路边有一部崭新的苹果手机，显然是别人不小心丢的。于是，她快速捡起手机，站在原地准备等失主来认领。

这时，一个中年妇女走了过来，对琪琪说道："小朋友，你的运气真好，捡到这么好的手机。快拿回家吧，你父母肯定会夸奖你的！"

琪琪认真地说："可父母和老师都教育我，要拾金不昧。"

那妇女一个劲儿地劝说、怂恿琪琪拿走手机，说什么手机很值钱，可以换很多零食、玩具。慢慢地，琪琪心动了，决定将手机据为己有。

可是，就在她准备离开时，妇女却威胁说："你得分我一些钱，要不然我就报警，说你偷东西！"

琪琪有些心虚和害怕，不知道如何是好。

妇女随即提议："要么你给我钱，你拿走手机。要么我给你钱，我拿走手机。"

琪琪手里有300元，是准备充饭卡的，她把钱全部给了对方后，便拿着手机高高兴兴回家了。但是，等回到家她才发现，手机已经变成了模型。

琪琪很疑惑，明明之前看到的是真手机，且状态正常，怎么就变成模型了呢？

反正没人看见，为什么不拿回家？我不会告诉任何人，你给我一些钱，手机就是你的啦！

琪琪只能将这件事情如实告知妈妈，妈妈听后说："傻孩子，你被骗了！手机是那个人故意放在那里的，就是为了引你这样喜欢占小便宜的人上钩，借着'分赃'的名义骗取钱财。如果你不占小便宜，就不会受骗！而那部真手机肯定是她趁你不注意时换掉了！"琪琪不解地问道："要是我坚持等失主，或者报警呢？"

妈妈笑着说："很简单，人家有同伙，很快就会来充当失主，把手机认领走！"

琪琪这时才恍然大悟。通过这件事，她不但学会了识别骗局，也强化了拾金不昧的观念。

女孩们由于社会经验少，没有分辨能力，容易被一些不怀好意的人欺骗或者怂恿，做出不合时宜、违反社会公德甚至是法律法规的事情。

很显然，案例中的琪琪因为贪小便宜——贪下手机，不愿还给失主，所以被骗，损失了金钱。如果她能坚持拾金不昧，不贪小便宜，那么她就不会被骗。

更为重要的是，即便她没有被骗，真的捡到了手机，也可能违法了——将他人的财物据为己有，侵犯了失主的合法权益。

所以，女孩，你要提高警惕并增强法律意识，千万不要相信什么天上能掉馅饼，遇到类似的事也不要贪图小便宜。

具体来说，你需要做到以下几点。

1 明确价值观，理性思考

你要树立正确的价值观和人生观，明白"一分耕耘一分收获"的道理。

面对看似诱人的"小便宜"时，你必须先停下来思考一下：这真的是天上掉下来的馅饼吗？

2 增强法律意识

女孩，你要增强法律意识，了解哪些行为是法律法规允许的，哪些是法律法规禁止的，在维护个人利益的同时，不侵犯他人合法权益。

3 坚持立场，保持拾金不昧的良好作风

拾金不昧是我们优良传统，女孩，你要养成并保持这一传统，捡到他人财物，及时归还失主或者上交警察叔叔。不管什么人怂恿你，都不要贪小便宜。

第五章

公共场合也要有自我保护的意识

公共场所，相对来说安全很多，但是并不意味着没有风险。在这里，你可能遇到不怀好意的人，也可能遇到一些突发情况。所以，女孩们要提高自我保护意识，避免受到伤害。

公交车上，有人紧挨着你，立即走开

一天早晨，小珊像往常一样坐上了去学校的公交车。车上人不算多，她找到一个靠窗的位置坐下，塞着耳机听着音乐。

几站后，一个中年男子上车，在她旁边的位置坐下。起初，小珊没有在意，但很快她就感觉到这个人似乎靠得太近了，甚至将身体不断地向她挤过来。

小珊觉得不舒服，但她不想引起注意，便悄悄往另一侧挪了挪。然而，这个男子依然继续靠近，手臂似乎故意碰触她的肩膀。

小珊意识到情况不对，立即站起身，走向车厢前部，站在司机附近。过了一会儿，她看到那个男子脸色有些尴尬，也起身走向车的另一边。

车到下一站后，小珊迅速下车，换了一辆公交车。她明白自己做了正确的决定，因为如果她继续坐在那儿，可能会让对方得寸进尺。

公共交通空间相对狭小，有时难免会有身体接触，也有一些人不怀好意，故意靠近女性，包括小女孩，进行身体接触。尤其是人多拥挤的时候，一些坏人会故意站在女性身后，然后紧紧贴上去，或者故意碰触女性臀部、胸部等敏感部位。

事实上，这种行为已经构成性骚扰。

这时候，女孩越是不好意思声张，保持沉默，那些人越有恃无恐。所以，女孩遇到这种情况，一定要快速反应，保护自己的安全。同时，一定要相信自己的直觉和感受。即使最后证明只是误解，及时采取行动也不会有任何损失。

你可以采取以下措施。

1 迅速改变位置

一旦感觉有人故意靠近或触碰自己的身体，立即起身离开原位，找一个空的座位或者站到车厢前部，靠近司机或其他乘客。不要因为害怕引起对方注意而停留在原地，快速离开是最有效的保护方式。

② 大胆表达不适感

如果对方持续靠近或者不顾你的反抗，你可以直接大声说："请不要靠近我！"这种方式能够让对方意识到你不易被侵犯，这样做也能引起其他乘客的注意，让对方感受到压力。不要害怕大声表达自己的不满，这是一种自我保护的重要且有效的手段。

③ 寻找车上监控或安全人员

现在的公交车上通常有监控摄像头，你要确保自己处于摄像头拍摄范围内，同时尽可能靠近司机或安全人员的位置。如果感到不安，你可以直接向司机说明情况，寻求他人帮助。

裙摆飞扬，防止被偷拍

初夏，四年级的瑶瑶穿上了她最喜欢的碎花裙，和妈妈一起去公园散步。瑶瑶非常喜欢这条裙子，因为它既飘逸又美丽。她在公园的草地上转圈玩耍，裙摆在风中轻轻飘动。

不远处，一位戴着墨镜的中年男子拿着手机，好像在拍摄风景。起初，瑶瑶没有在意，但她很快注意到，每当她转动时，那个男子的手机镜头似乎总是对着她。她感到有些奇怪，于是走到妈妈身边，小声说："妈妈，那个人好像一直在对着我拍照。"

妈妈立刻意识到情况可疑，决定观察一下。她装作若无其事地走近那个男子，发现对方的手机确实对着瑶瑶，而且故意压低镜头。

她立即大声说："请问您在拍什么？"

男子慌忙收起手机，想要离开。妈妈当即制止，要求查看他的手机："我怀疑你在拍我的女儿，请你让我看看你的手机相册。否则，我会报警！"

男子有些害怕，承认了偷拍的事实。妈妈发现他已经拍了很多照片，还有很多瑶瑶裙边飞扬、露出底裤的照片。

妈妈很气愤，也庆幸瑶瑶及早发现异常，并告知了自己。事后，妈妈鼓励瑶瑶，以后再遇到类似情况，应该立刻告诉大人，保持警惕。

在公共场合，女孩们可能会遇到各种各样的情况，其中就有偷拍。偷拍通常发生在对方认为你不注意的情况下，他们可能借助手机或相机偷拍你的裙底或其他隐私部位。尤其是在你穿着飘逸的裙子站立、坐下或上下楼梯时，你更容易成为不法分子的目标。

所以，女孩们一定要有防范意识，穿裙子时保持良好的体态和姿势，避免"走光"。如果你感觉有人用手机或相机对着你拍摄，特别是从不正常的角度拍摄，要提高警惕。或者，发现有人拿手机的角度比较奇怪，且神情有些紧张的时候，也要提高警惕。

提升公共场合的安全意识，不仅能让你更自信从容地面对外部世界，也能帮助你更好地守护自己的权益。

① 观察周围环境，警惕异常行为

在公共场合，你要保持警惕，时刻注意身边人的举动。如果发现有人拿着手机或相机，镜头似乎总是对着你，尤其是在你不易察觉的角度，你要立即提高警惕，观察对方的行为是否有异常，如频繁调整角度、手持设备长时间对着你等，你要快速辨别被偷拍的可能性。

② 使用物品遮挡，保护隐私

合理利用随身物品，能有效防止有人借机偷拍。比如，在穿着裙子或容易被偷拍的衣物时，可以使用手提包、外套或其他物品遮挡隐私部位，尤其是上下楼梯、乘坐电梯或在公共场合坐下时。

③ 果断采取行动并寻求帮助

如果你确认或怀疑有人正在偷拍，你应该立即采取行动，制止其偷拍行为，并确保其删除相关照片。

你可以走近对方，明确表示不允许他偷拍你，或者大声呼喊引起周围人注意，让对方感到压力。同时，你要第一时间告诉身边的成年人或工作人员，寻求帮助，尽量确保自己处于安全的环境。

如果你身边没有大人，不要与对方硬碰硬，而是拨打 110 报警，在确保自身安全的情况下，维护自身权益不受侵害。

邻桌有冲突，能远离就远离

周六中午，乐乐和好友小芸约在一家咖啡馆见面，她们挑选了一个靠窗的座位，聊着学校发生的趣事。突然，邻桌传来一阵激烈的争吵声，一个年轻男子和一名中年女子好像因为一些事发生了冲突，双方情绪都很激动。中年女子一边大声喊叫，一边把桌上物品掀得乱七八糟。

乐乐有些不安地看过去，小芸则显得有些害怕，抓紧了乐乐的手。乐乐环顾四周，看见咖啡馆的其他顾客也在观望，但没有人上前劝阻。她立刻对小芸说："我们还是离开这里吧，万一冲突升级，可能会有危险。"小芸点点头，两人迅速收拾好东西，走向咖啡馆的另一个角落。

她们找到一个更安全的位置后，乐乐还特意告知服务员："那边的客人好像有些问题，您可以去看看吗？"服务员马上点头，走向了发生冲突的桌子。

正当服务员走向他们时，中年女子情绪更加激动，抓起桌上的杯子朝年轻男子扔过去。男子及时躲开，杯子却砸在乐乐刚才坐的位置。

这时，乐乐拍了拍胸脯，庆幸地说："还好我们及时离开了。要不，我就成为被殃及的'池鱼'了。"小芸立即点点头，连连夸奖乐乐的机智。

在公共场合，女孩们可能会遇到各种意外情况，比如邻桌突然发生争吵或冲突。在这种情况下，很多女孩会选择驻足观看，或者认为事不关己，自顾自地吃喝聊天。

然而，这样的行为可能将你置于潜在的危险之中，因为你无法预料冲突是否会升级，或者参与者是否会对周围人产生威胁。

如果对方情绪失控，动起手来，或乱扔水杯、酒瓶，端起热汤胡乱泼，很可能会误伤到你。如果对方身上有刀具等危险工具，无差别攻击身边的人，你就更危险了。

所以，如果遇到这种情况，你一定要迅速远离现场，以免卷入其中，或被误伤。

1 迅速转移到安全区域

在公共场合，如果发生冲突或有人争吵，你应该立刻判断周围环境，选择一个安全的路线，迅速离开冲突现场。千万不要停留在原地观看，更不要靠近冲突者。

在室内公共场所，或者地铁、公交车等交通工具上，遇到冲突者，转移到人多的地方或者靠近出口的位置，是应对突发事件的优选策略。

2 保持冷静并观察周围动向

远离冲突现场的同时，你要保持冷静，仔细观察周围情况，确保自己不会被意外状况影响。你还要了解周围是否有安全出口、工作人员或者可信赖的成年人，以便在必要时迅速寻求帮助。

③ 及时告知工作人员或报警

如果你认为冲突有升级的可能，或者可能影响到自己的人身安全，你应该尽快告知场所工作人员或拨打报警电话。在向工作人员报告时，你要简单明了地描述情况，说明冲突的位置和严重程度，让他们及时采取措施。

女孩只有懂得巧妙地求助权威人士，才能更好地确保自身安全，维持公共秩序。

遇到坏人，不要盲目反抗，才能减轻伤害

某天，12岁的宁宁独自去便利店买零食。此时，天色已经暗了下来，路上行人也渐渐少了。宁宁刚出便利店，就听到背后有一阵脚步声靠近。宁宁转身一看，发现一个陌生的中年男子紧跟在她的后面。她感到一丝不安，便加快了脚步。

谁知，男子也加快了脚步，甚至紧贴在她的身后，并且压低声音说："小姑娘，我刚才看到你钱包掉了，我帮你捡起来了，还给你吧。"

宁宁感到不对劲，因为她清楚地记得钱包在自己的口袋里，于是回答："我的钱包没有丢。"

男子拉住宁宁，又说："那我送你回家！"说完，他拉着她就往前走。

宁宁吓坏了，想要反抗，却担心激怒对方，便迫使自己冷静下来。她假装答应男子，然后趁他不注意，甩开他的手，转身跑回便利店，对收银员说："姐姐，那个人好像是坏人，跟着我，还拉着我走。我有点儿害怕。"

收银员立刻警觉起来，招呼其他店员过来，并迅速通知了保安。见此，那个男子慌张地离开了。宁宁留在了店里，等父母过来，才与他们一起离开。

面对潜在的危险情况时，女孩们常常感到紧张和恐惧，特别是在坏人面前。

此时，许多人可能选择立即反抗，但事实上，盲目反抗有时可能会带来更大的风险和伤害。你无法预料对方的反应，特别是身处孤立无援的环境中时，反抗可能会激怒对方，导致局势恶化。

所以，女孩，一定不要盲目反抗，更不要与坏人硬碰硬。你需要保持头脑冷静，机智地利用周围资源，找到安全的办法。这样做，你才能真正减少受到伤害的风险，保护自己的安全。

简单来说，冷静和机智是面对危险时成功脱险的关键。那么，具体如何做呢？

1 避免独自面对对方

感觉到危险时，不要试图单独面对对方，立即寻找机会靠近人群或工作人员。你可以寻找离你最近的人，比如店员、保安或其他成年人，让他们知道你需要帮助。

千万不要和对方有激烈的争吵或肢体冲突，若是激怒对方，只会危害自己的人身安全。

2 巧妙引起他人注意

如果你无法直接求助，你还可以用其他方法引起周围人的注意。比如假装给家人打电话，大声说出你的位置和感觉到的危险，或者直接大声呼喊："救命，有人跟着我！"这样能让对方感受到压力，也能让周围的人意识到你的困境，给予你帮助。

3 保持冷静，寻找逃生路径

面对坏人时，你必须保持冷静，不要急于反抗。你可以先观察周围的环境，一边与对方周旋，一边寻找可能的出路或安全区域。等找到出路后，机智地摆脱对方的控制，立即逃跑，寻求大人的帮助。

你还可以趁坏人不注意，躲起来，然后找机会迅速离开现场。

电梯内有陌生异性，一定要保持安全距离

周日下午，十岁的佳佳刚上完美术课，独自乘坐电梯回家。电梯门缓缓关上时，一个陌生的中年男人快速挤了进来。佳佳本能地退后一步，靠在了电梯的角落里。她心里有些紧张，因为电梯里只有她和这个陌生人。

男人微笑着问佳佳："小朋友，你住哪一层啊？"

佳佳没有正面回答，而是故意大声说："我爸爸在下面等我呢！"接着，她按了下一层的按钮，决定到下一层马上下电梯。男人似乎有些意外，但没有说什么。

在下一层电梯停下，佳佳按下开门按钮，迅速走了出去，转身走向楼梯。她站在楼梯口，观察着电梯的动向，直到看到电梯重新关上并继续下行，她才松了一口气。佳佳明白，在狭小封闭的空间里，保持警惕和安全意识是多么重要。

在电梯这种封闭而狭小的空间中，女孩们很容易因为身边的陌生人而感到不安，尤其是周围没有其他乘客时。在这种情况下，保持安全距离显得尤为重要，因为在封闭环境中，一旦发生突发事件，逃脱的难度会增加。

因此，女孩们要懂得保持安全距离，识别潜在的危险信号，这是一种非常重要的自我保护技能。最重要的是，不要因为害怕被别人认为是"小题大做"而忽略自己的不安感。只要你感知到任何不适或危险的信号，你采取措施保护自己就是完全合理的。无论是到下一层楼下电梯，还是迅速按下电梯警铃，都比默默忍受更安全。

1 站在电梯的按钮旁边

一旦进入电梯，尽量站在靠近按钮的地方，方便紧急情况下立即按下开门键或电梯警铃。不要靠近陌生人，保持安全距离，以防对方突然接近你。

如果电梯内有两三名异性，让你感觉有压迫感，或行为举止比较粗鲁、奇怪，你最好不要进入电梯。你可以假装自言自语："哎呀，我怎么忘了东西！"或者客气地说："我等爸爸，先不进电梯。"

2 利用手机假装打电话

如果你感到紧张或不安，你可以拿出手机，给家人或朋友打电话，大声说出电梯所在的楼层和大楼名字。这种做法可以让对方意识到你并不孤单，有人知道你的行踪，同时也能让你保持冷静，做好准备，应对任何情况。

3 感到不适果断离开

如果你觉得对方有任何不正常的举动，不要犹豫，立即按下最近楼层的按钮，尽快离开电梯。保持冷静，迅速走到人多的地方，或者告诉大楼的保安和工作人员。

在封闭空间中，不要勉强自己忍受任何不适，果断行动可以帮助你避免潜在的危险。

遭遇交通事故，
正确自护自救

周末，王璐骑自行车去上补习班，经过某个路口时，看到绿灯只剩 1
秒，便停下来等候。谁知，一辆直行汽车想抢时间通过，与一辆右转汽
车发生碰撞。

后车被猛烈撞击，向着辅路冲过来。好在有路灯和隔离带，车辆没有
完全失去控制，但是也撞到了等候红灯的一些路人。

王璐被波及，身上多处擦伤，且被一辆电动车压到右腿，她感觉右小
腿特别疼，还流了好多血。她尝试着动一下右小腿，但是无法动弹。

右转汽车司机和周围几个人受了轻伤，一边报警一边询问各自伤得怎
样。当他们想要扶起王璐时，王璐急忙说："我右腿好像骨折了，动不了了！"

有人说已经拨打110报警电话和120急救电话了，并嘱咐她千万不要乱动。

很快，120急救人员赶到，帮王璐包扎了伤口，将她抬上了担架，送到医院治疗。

事后，爸爸妈妈表扬了王璐，说她懂得自护自救常识，知道受伤了向别人说明情况，并且不乱动。同时，他们还教了她一些安全知识，包括乘坐市内公交车、长途大巴车、地铁等一旦发生意外时，如何求救和自救。

> 我右腿好像骨折了，动不了了！

尽管女孩们能做到严格遵守交通规则，骑车或走路时也小心翼翼，但也可能遭遇交通意外，或者乘坐公共交通工具时遭遇交通事故，导致自身受困或受伤。所以，女孩们应该学会正确自救的技巧，懂得如何保护自己。

那么，如何进行自救和自我保护呢？

① 遵守交通规则

女孩，不管是步行还是骑车，都必须遵守交通规则，做到不闯红灯、不逆行，不要骑太快。要避让机动车，尤其是大货车，避免潜在危险的发生。

② 及时报警，等待专业救援

步行或骑车被撞，或者因为交通意外被波及时，要及时拨打110报警电话和120急救电话，不要私了，不要独自离开现场。如果受伤较轻，要立即撤离到路边，避免被其他车辆撞到，再次受伤。

如果受伤较重，感觉身体某个部位异常疼痛，千万不要乱动，也不要让别人搀扶或搬动自己，并大声告诉对方："我××受伤了，不能动！"然后，等待120急救的专业人员来救治，避免二次受伤。

③ 乘坐公共交通工具，学会正确自救和自我保护

乘坐公共交通工具时发生交通事故，比如发生碰撞，要迅速护住头部，避免头部被猛烈地撞击；可以用力抓住前方椅背并低下头，或用手臂护住头部和颈部。

如果受轻伤，想办法尽快离开车子；如果因为车门打不开被困，或者车辆着火，要想办法找到尖锐坚硬的东西砸破玻璃，逃离到车外。

记住，千万不要慌张，避免手足无措或慌不择路。

第六章

网络那端未必美好，清醒识破陷阱和骗局

网络世界是丰富的、多彩的，但也是虚拟的、未知的。那些看起来美好的东西，实际上充满虚假、陷阱，甚至邪恶。因此，女孩们要清醒地面对网络上的人和事，否则，可能落入他人的陷阱或骗局都不自知。

爱看小说、漫画，也要会分辨不良内容

　　13 岁的李小璇是个文艺女孩，喜欢阅读各种类型的小说和漫画。最近，她在网上找到了一本热门小说，不但文笔好，还充满奇幻的冒险和丰富的想象。小璇被这本小说吸引，每天都期待着作者更新，还参加了一个粉丝群，与其他粉丝讨论剧情。

　　一天，小璇在这个粉丝群里看到群主发布了一个活动，说只要成为他们的 VIP 会员，就可以提前获得小说后续内容的电子版。为了能早早看到新的章节，小璇用自己的零花钱购买了 VIP 会员，并按照指示下载了相关内容。

　　然而，她发现下载的内容与之前看到的完全不同，不仅文风与原作者相差甚远，还充满大量低俗、色情的内容。

小璇感到非常困惑和失望。后来，她发现这个所谓的"VIP 活动"其实就是一个骗局。很多人被诱导加入这个虚假的会员计划，不但付出了钱财，还被诱导浏览黄色小说和漫画，登录黄色网站。

小璇立即向父母求助，父母了解情况后，帮助她上报了这个骗局，并联系相关平台处理此事。

互联网为我们提供了丰富的阅读资源，但其中也存在大量不良内容和骗局。特别是对于青少年来说，分辨并避免观看不良内容，是保护身心健康的重要环节。

首先，不良内容包含低俗、暴力、色情等不适宜元素，这些内容不仅会对青少年的价值观和心理健康产生负面影响，还可能引发更多的困扰。

其次，虚假的网络活动和骗局往往以诱人的承诺吸引用户，特别是那些需要支付费用或提供个人信息的活动。

所以，女孩们看小说、漫画，尤其是网络小说、漫画的时候，一定要提高警惕，分辨哪些是不良内容，避免受到不良内容的荼毒。同时，遇到不良内容或骗局时，一定要及时向家长、老师或相关平台报告。

1 检查来源和评论

阅读小说或漫画之前，先查看内容来源和其他读者的评论。如果作品的评价普遍较低，或者评论中提到内容不当，最好避开。

如果想看网络小说、漫画，你最好在正规平台上阅读，这些平台通常有严格的内容审核程序，出现不良内容的概率非常低。

2 了解和运用安全筛选机制

许多阅读平台和应用有内容筛选和安全设置选项。了解并使用这些工具，可以帮助你避免接触不良内容。比如，你可以选择青少年模式，或者设置过滤器，屏蔽暴力、色情等不良内容。

③ 避免好奇心作祟，不要尝试阅读不良内容

有些青春期的女孩，对性、异性充满好奇，渴望了解关于"性"的知识，于是怀着好奇心，阅读带有色情内容的小说、漫画。

但事实上，这是错误的行为，有些色情小说和漫画不但无法让你了解正确的性知识，对于性产生误解，还可能影响你的身心健康。所以，你千万不要尝试阅读不良内容，必免沉浸其中。

"偶像"来找你聊天，是幸运还是骗局

12岁的晓彤最近喜欢上一位偶像明星，一有时间就听他的歌、看他的综艺节目。某天，她在社交媒体上收到一条私信，发信人自称是她的偶像，邀请她私聊。起初，晓彤既激动又兴奋，认为自己竟然有机会和偶像直接交流，真是天大的幸运。

于是，她迫不及待地回复消息，表达自己对偶像的喜欢，还分享了一些个人信息，如学校和兴趣爱好。然而，随着聊天的深入，所谓的"偶像"开始提出一些不正常的要求，比如让晓彤提供更多的个人信息，让她拍私密的照片或视频发送过去，还说邀请她参加见面会，但需要支付费用。

晓彤逐渐意识到，聊天内容越来越偏离正常的互动，内心越来越不安。晓彤的朋友小雨注意到她的变化，主动向晓彤询问情况，并建议她询问家长和老师。晓彤听从了朋友的建议，将这件事情告诉了父母。父母提醒她，这是骗局，并帮她将那个人拉进黑名单。

在网络世界里，偶像与粉丝互动是正常的，但是绝大部分偶像不会私下联系粉丝，与粉丝闲聊，更不会谈及个人信息、金钱等，或是要求粉丝发送私密照。

换句话说，存在以上行为的所谓"偶像"，很可能是网络骗子冒充的。他们就是利用女孩崇拜偶像，希望与偶像亲密接触的心理，达到不可告人的目的，比如获取个人信息，进行网络诈骗，或是获取隐私照片、视频，进行非法交易等。

因此，如果有"偶像"来找你聊天，你一定不要轻易相信。提高警惕性，不抱有不切实际的幻想，才能规避潜在的风险。

❶ 学会识别和验证网络上的虚假身份

网络上的偶像和名人可能会被冒充，骗子可能会利用伪装的身份获取受害者的信任。尤其现在人工智能技术迅速普及，很多骗子为了打消你的顾虑，往往会利用"换脸"技术冒充他人。如果不认真观察，根本无法辨别与你通话的人是真是假。

因此，与陌生人交流时，不要因为他说他是某某明星，你就轻易相信。须仔细观察，学会识别和验证他人的真实身份，比如登录官方网站或通过正规渠道确认对方的真实身份，你才能避免掉入骗子的陷阱。

❷ 保持个人和家庭信息的私密性

不论与谁聊天，都要避免透露个人敏感信息。特别是姓名、家庭和学校地址、身份证信息、信用卡信息等，都应保密，以防这些信息被不法分子利用。即使对方看起来很可信，你也要保持警觉。

3 与朋友或父母分享相关情况

遇到类似事情，你可以与父母交流，因为父母经验丰富，能帮助你判断对方的真实意图。如果不愿与父母分享，你也可以找朋友倾诉，多一个人就多一份力量，能帮助你辨别是否遇到了骗局。

游戏好友突然约见面，
绝不可一口答应下来

最近，小丽在一款在线游戏中认识了一个名叫"小天"的玩家。两人在游戏中合作无间，聊天也很愉快，似乎有很多共同话题。小丽心想：在现实生活中，我们也一定能成为好朋友。

某天，"小天"突然提出要见面，并且说自己就在附近的城市。小丽心里有些激动，毕竟她想看看对方是不是像自己想象中的那样，也很希望能与"小天"成为现实中的朋友。

"我明天去你的城市，我们可以一起去看电影！""小天"在游戏中热情地邀请小丽。

小丽一口答应下来，并与"小天"约好了时间。但事后，她又觉得自己答应得有些唐突，为了安全起见，她又提出了一些安全的见面条件，如公开场合等。

第二天，小丽与"小天"见了面，但发现他比自己大很多，模样与游戏中的描述有所出入，并且言谈举止也让她感到些许不适。小丽很紧张和不安，不想再与他看电影了，于是趁对方不注意，悄悄给朋友芳芳发信息，让她立即给自己打电话。

很快，芳芳打来电话，小丽借口有急事离开了。

事后，小丽认识到，对于网络中的朋友，尤其是未曾谋面的陌生人，绝不可盲目答应见面。为了保障安全，事先应当多加考虑，最好在与家人或信任的成年人讨论后，再做决定。

游戏里的"天使"，现实中却像是"惊喜"，以后网友见面还是小心为好！

随着网络交流日益普及，与陌生人建立联系、交朋友变得很寻常。但是，网络是虚拟的，看起来很美好，实际充满不确定性和危险性。你不知道和你交往的那个人是男是女，多大年龄，职业是什么，是好人还是坏人。

比如，游戏中，某人明明是个美女，性格温柔，声音好听，但实际是个中年男子，行为举止粗鲁，甚至不怀好意。或者，在网上，他明明是个阳光帅气的小哥哥，实际上却是不良分子，实施诈骗，或引诱你进行非法活动，甚至拐卖。

所以，女孩一定要提高警惕，在网络上交友要谨慎小心，不要迫不及待地与网友建立紧密的联系，而应慢慢地了解对方，评估对方是否可信，是否适合成为朋友。

同时，要学会保护自己，一定不要轻易与陌生网友线下见面。如果见面的话，应该保持警惕，见面前进行充分的准备和安全检查。

1 要求视频通话确认身份

考虑与网络好友见面之前，你可以先要求进行视频通话，以确认对方的身份和真实性。如果对方拒绝或回避，这可能是一个警示信号，表明对方可能存在隐瞒事实的情况。

通话过程中，你也要注意观察对方的言行举止。如果发现对方有任何异常的行为，应立即停止来往。

② 设定见面前的条件

如果真的决定见面，你可以先设定明确的条件，比如选择公共场所，有家长或信任的朋友陪同。你应该选择白天见面，最好是中午，一定不要选择晚上。

确保见面的地点和时间是安全的，见面过程中有足够的第三方监督，才能大大降低风险，保护自己的安全。

3 学会识别对方的意图

见面前或交流过程中，要学会识别对方的真实意图。如果对方总是探听你的个人情况或家庭经济情况，一定要提高警惕，避免让不法分子有可乘之机。如果对方引诱你到隐蔽的场所，或哄骗你到宾馆、酒店等，一定要拒绝，并机智摆脱对方，尽快离开。

一旦发现对方是不法分子，要尽快报警，确保坏人无法再作恶。

让你打赏、充值的人，都另有所图

13 岁的小娜刚刚加入一个最近很流行的在线绘画社群，并认识了一个昵称为"画之星"的用户。这个用户总是很热心地在评论区给小娜点赞，还在她发布的作品下留言鼓励。

一天，"画之星"突然私信小娜，说她的作品非常出色，希望能与她更深入地交流绘画技巧。小娜对此感到很开心，因为她一直希望有更多机会提高自己的绘画水平。接着，"画之星"说如果小娜能够打赏她一些虚拟货币，那么她将分享给小娜一些独家的绘画教程和技巧。

小娜开始对是否接受这个提议有些动摇，但她的好友丽丽告诉她，网络上有很多人通过这种方式骗取钱财。经过考虑，小娜决定不打赏，继续通过其他途径提升自己的绘画技能。

最终，小娜意识到，"画之星"接近她并不是出于真正的善意，而是希望通过要求打赏来获取虚拟货币。这次经历让小娜学会了识别网络上的各种骗局，也更加谨慎地处理涉及金钱的网络互动。

在网络社交中或虚拟平台上，很多人会通过各种手段获取金钱，而这些手段往往隐藏在看似无害的交流之中。特别是在游戏、社交媒体和在线社区中，一些用户可能会以"提供服务""赠送礼物"等名义，引诱你打赏或充值。

还有一些游戏主播，会在直播过程中，引诱观看者给自己充值、打赏、送礼物，甚至会加孩子为好友，利用孩子懵懂、单纯的特点，引诱其给自己转账。

所以，女孩们一定要谨慎对待。要知道，父母赚钱不易，不轻易给游戏、直播等充值、送礼物，这不但是对自己负责，也是对父母负责。

1 理智判断，谨慎对待

当有人在社交媒体、直播中引导你打赏、充值、送礼物时，你不要被他们的花言巧语欺骗。很多时候，这些看似友好的建议，其目的就是骗取你的钱财。

即便遇到那些看似正当的请求，你也应保持警惕，考虑其真实性和必要性，不要轻易相信对方的承诺。

同时，一定要核实对方身份。如果对方不能提供真实、可靠的个人信息，或其背景存在可疑之处，你应避免与他进行任何金钱交易。

② 设置严格的支付限制

作为孩子，你的账号通常会绑定父母的银行卡，所以不管做什么决定，都必须征求父母的同意，不能私自用父母的钱去打赏、充值。

即便是你的零花钱，在任何平台上充值或打赏时，你也应事先设定严格的支付限制，避免随意消费和冲动消费。

③ 及时向平台举报并寻求帮助

通常，只要是正规平台，会对用户进行管理和监督，若是发现违规行为，会给予相应处罚。所以，如果平台上有人频繁引导你打赏、充值，你要及时举报，寻求平台的帮助。

不要碰网络贷

14 岁的初中生小萱最近在社交媒体上看到一则广告，宣称通过某个网络借贷平台，可以轻松借到钱，只需要简单的申请过程和最低的利息。恰好小萱最近喜欢上某款电子产品，却因为家里经济条件不好而无法购买，于是，她被广告中的"零门槛"和"快速审批"吸引，决定尝试申请借款。

她按照广告指引填写了申请表，提交了个人信息。不久，小萱收到一个"借款成功"的通知，但她查看个人账户后，发现账户余额仍为 0。就是说，她没有收到任何借款。相反，她发现自己的个人信息被泄露，接到很多陌生电话和骚扰信息，还有骗子试图骗取她父母的银行卡信息。

后来，小萱才知道这个所谓的网络借贷平台完全是个骗局，很多同学曾上当受骗。它没有真正的借贷服务，只是通过虚假的借贷广告来收集用户个人信息并进行诈骗。

接下来，小萱在家长的帮助下报了警，并及时采取措施，避免了更大的损失。从此以后，小萱再也不敢碰网络贷了。

网络借贷的广告往往以"快速便捷""无门槛审核"为噱头，吸引年轻用户和需要资金的人群。然而，实际上，这些平台往往存在很大的风险和陷阱。

首先，许多网络借贷平台不受正规金融监管，它们可能存在虚假宣传、隐性收费的问题。借款者很容易因为缺乏经验而被误导，最终陷入支付高额利息和额外费用的困境。一些高中生或大学生，就是因为借了网贷，背上了高利贷，只借几千，却需要还款几万，甚至更多，导致不堪重负，学业、生活及身心健康受到严重影响。

其次，一些网络借贷平台以"无抵押借款"为诱饵，实际上是通过获取个人信息非法牟利。这些平台可能会将你的个人信息出售给第三方，甚至用来进行诈骗活动。

还有一些网络借贷平台看似正规，却要求借款人拿着身份证、学生证拍照，甚至会让借款人拍"裸照"。一旦借款人不能按时还款，便会威胁其从事不法活动。

所以，女孩，不管什么时候，一定要树立正确的消费观、价值观，不要因为想买电子产品、奢侈品而碰网络贷。

① 不要攀比，不要过度关注外在的东西

女孩，你要记住，你是学生，应该以学习为主，不要过分追求物质享受，也不要和那些经济条件好的同学攀比。攀比，只会让你滋生虚荣心，

然后你很可能受到广告的诱惑，利用网贷来满足自己的虚荣心。

2 不要相信那些网贷广告

现在网贷广告满天飞，看似想帮你，实际上套路太深了。那些"门槛低""零利息""放款快"等宣传语，都是骗人的，只是为了诱惑那些什么都不懂又急于借钱的人。

所以，不管什么时候，你都不要相信网贷广告。屏蔽它、无视它，才不会落入陷阱。

3 了解法律法规和金融知识

当然，除了提高警惕，你还需要学习基本的金融知识，了解相关法律法规，特别是关于未成年人借贷的规定。这样不仅能帮助你识别网络骗局，还能提高你的金融素养，避免陷入不必要的麻烦。

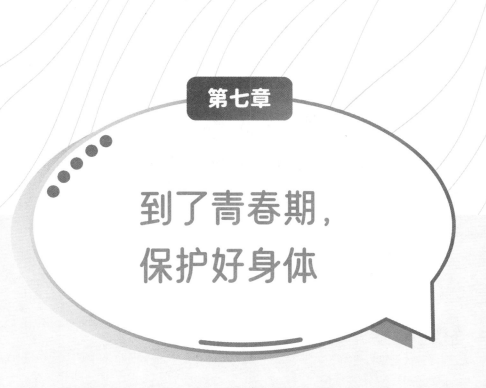

第七章

到了青春期，
保护好身体

到了青春期，女孩的身体和心理都会发生一些变化。对于这些变化，你应该正视它，并积极学习健康知识，养成良好的生活习惯，保护好自己的身体。

不要害羞，
更不要含胸驼背

在上八年级的莉莉长得比别人高，胸部也比别人发育得好，她感觉有些害羞，于是总喜欢穿宽松的衣物。就算是夏天，她也穿着校服外套。而且，为了不凸显胸部，她总是低着头走路，背部微微弯曲，尽量含着胸。莉莉的这种姿势不仅让她看起来没有自信，也让她在班级活动中总是被忽略。

一次，学校举办健康知识讲座。讲师提到了青春期身体发育的问题，尤其是胸部发育、月经来潮等，还讲了一些如何确保身体健康发育的常识，比如保持良好的站姿和坐姿以保护脊椎健康。莉莉听到这些知识时，虽然心里有些触动，但依然没有改变自己的习惯。

　　不久，莉莉的父母发现她的背部有些不对劲，带她去医院检查，结果发现她的脊椎已经出现轻微侧弯。医生告诉她，这种情况与她长期含胸驼背的姿势有关，需要通过物理治疗和改善坐姿来矫正。

　　莉莉非常后悔，她意识到自己的害羞已经导致身体出现健康问题。她积极配合治疗，并尽量做到挺胸抬头，鼓励自己不因害羞而掩饰胸部的变化。慢慢地，她的脊椎问题逐渐改善，整个人也变得自信很多。

对于青春期的女孩来说，身体正处于发育的关键时期，保持正确的姿势至关重要。但是，很多女孩心思敏感，会因为胸部发育而感到害羞。尤其在比同学发育早、发育好的情况下，女孩更容易害羞，甚至会产生自卑心理。因为害羞和自卑，她们喜欢低着头、含着胸，甚至会穿过紧的文胸。

女孩，你应该知道，青春期身体发育是正常的，说明你已经长大，根本没有必要害羞，也不需要自卑。

而且，长期保持不良姿势，使用过紧的文胸，不仅会影响个人的外在形象，还可能对脊椎和骨骼造成不良的影响。

所以，女孩，你要注意以下几点。

① 正视身体变化，告别含胸驼背

对于胸部的发育，你不要过于担忧，也不要为了掩饰而刻意含胸驼背。你要积极学习生理知识和性知识，了解和正视自己身体的生理变化。同时，你要保证正确的站姿和坐姿，培养良好的体态和形象。

你可以对着镜子检查自己的站姿和坐姿，放松肩膀，挺直背部，确保做到挺胸抬头；站立时双脚分开与肩同宽，重心均匀分布；坐下时保持腰背挺直，双脚平放在地面上，膝盖与髋部保持平行。

② 进行适当锻炼，矫正不正确的姿态

你还可以通过一些简单的锻炼来增强背部肌肉，帮助自己保持正确的

姿势。比如，可以做背部伸展运动和核心肌群的练习。这些锻炼不仅可以缓解因姿势不当给你带来的不适感，还能帮助你矫正姿势，预防潜在的健康问题。

3 消除自卑，建立自信

你要多关注自己的心理健康，发觉生理发育后，要不断进行自我鼓励和心理暗示，消除不良情绪，恢复自信和积极的心态。此外，你还可以与朋友交流，询问她们是否有这样的苦恼，是如何解决的。

生理期到了，
这些事情可别做

12岁的李小梅迎来月经初潮。尽管妈妈给她讲了注意事项，但在第一次生理期里，她感觉除了有些疲惫，身体没有任何异样。

于是，在第二次生理期时，她没有特别注意，依旧像平时一样上了体育课，放学后还和朋友们一起去打球。

结果，运动后，她感到身体异常虚弱，腹部疼痛加剧，甚至出现了经血量增多的情况。

回到家后，她虚弱地躺在沙发上，脸色苍白，额头还不断冒汗。妈妈发现她的状况不对，立即带她去看医生。医生告诉她，在生理期内，过度运动、饮食不当以及忽视身体信号，可能会导致各种不适，甚至加重症状。同时，医生建议她在生理期内要特别注意保护身体，避免剧烈运动，保持良好的饮食习惯，避免过度疲劳。

直到这时，李小梅才认真地对待妈妈的告诫，决定日后不再肆意胡闹，一定注意保护自己的身体。

生理期是每个女孩都会经历的自然过程，但生理期的到来往往会导致女孩身体虚弱，还会伴随身体的不适，包括腹痛、头痛、情绪波动等一系列症状。

如果女孩不注意休息，做剧烈运动，如跑步、打篮球等，会导致盆腔充血，引起疼痛加剧或血量异常等不适状态。如果不注意饮食，吃冰冷、辛辣的食物，也会加剧身体不适。另外，如果不注意保暖，用冷水洗澡，或是身体受寒，也会让身体更虚弱。

所以，如果月经来潮，女孩要多了解相关知识，尽量不做有损身体的事情。若是出现严重腹痛、过多经血或其他异常情况，应该及时咨询医生是非常重要的。

那么，在生理期内，女孩应该做哪些事、不应该做哪些事呢？又如何让自己更好地适应生理期，保持身体健康呢？

1 避免剧烈运动

避免高强度的运动不仅有助于缓解生理期的症状，也可以防止因运动过度引发其他健康问题。所以，在生理期，你要尽量避免进行剧烈的运动和体力劳动，尽量不要跑跳。你可以选择一些轻度的运动，如散步、瑜伽等，帮助舒缓身体的不适感。

② 保持健康饮食

饮食对生理期的影响也不容忽视。在生理期间，你应该尽量避免辛辣、油腻的食物，增加水果、蔬菜和全谷物的摄入。你可以选择富含铁质和钙质的食物，如菠菜、豆类、牛奶等，这些有助于补充生理期流失的营养，缓解腹痛和疲倦感。

不要喝冰水，不要吃冰激凌，要多喝热水，最好喝红糖水，这样可以缓解腹痛。

③ 注意休息和调整

生理期间，给予身体充分的休息是非常重要的。所以，你要避免过度疲劳，确保有充足的睡眠，尽量减少不必要的压力。如果你感觉身体不适，应该尽量放慢生活的节奏，不在学习中给自己施加压力，确保身体能够得到充分恢复。

女孩的隐私部位，
一定要保持卫生

　　王小芳在上小学六年级，正值进入青春期之际，身体的变化让她有些不知所措。特别是隐私部位的卫生问题，给她造成一些困惑。然而，因为怕尴尬，她没有和妈妈沟通过。

　　后来，小芳发现自己下腹部有些不适，时常会隐隐作痛。一开始她没有在意，以为是常见的小问题。但后来，她感觉隐私部位有些瘙痒，而且内裤上还沾有一些分泌物，尤其是在生理期前后的几天更为严重。

　　妈妈察觉到小芳的异常，主动询问她。了解了情况后，妈妈告诉她，这可能是她在卫生方面的一些细节处理不到位导致的，比如不经常更换卫生巾，穿不透气的裤子等。

　　妈妈耐心地指导小芳如何保持隐私部位的卫生，包括日常的清洁和保养，正确选择和使用卫生巾，避免穿着不透气的衣物等。经过调整，小芳的症状得到缓解，她也学会了如何更好地照顾身体。

随着青春期的到来，女孩身体上的变化使得隐私部位的卫生问题更加显著。很多青春期女孩缺少相关常识，不懂得如何清洁、保护隐私部位，这些均导致因为不卫生而引起身体不适。而且，她们发现身体不适后，既慌张又害羞，不能及时向妈妈求助，导致情况越来越严重。

殊不知，隐私部位的卫生对女孩的健康非常重要。保持良好的卫生习惯，不仅有助于预防感染，还能提升个人舒适感。所以，女孩们一定要多关注隐私部位的卫生问题，学会采取正确的清洁和保养措施，保护自己的身体健康。

同时，还要注意穿衣问题、公共场所卫生问题，以免身体健康遭到侵害。

① 定期更换卫生巾和内裤

在生理期要定时更换卫生巾。建议每 2 ～ 4 小时更换一次卫生巾，特别是在活动量大或流量较多时。

要选择透气性好的内裤，最好是纯棉材料，能够有效吸湿排汗。避免穿合成纤维材料或过紧的内裤，这两种内裤会导致局部湿气滞留，增加感染的风险。同时，尽量每天更换内裤，保持隐私部位的干爽、舒适，以减少细菌滋生的风险。

② 使用温水清洗

女孩要学会保持隐私部位的干净、卫生。最好每天用温水清洗，避免使用含有香料或强效清洁成分的产品，后者可能会影响阴道内的自然酸碱平衡，引发不适。

记住，清洗时动作要轻柔，避免过度摩擦。

③ 定期进行身体检查

女孩要时刻关注身体的任何异常变化，如不适的痒感、异味或分泌物变化等。如果发现问题，要及时告诉妈妈，寻求妈妈的帮助。同时，要在妈妈的带领下及时咨询医生，确保身体健康。

减肥、节食，
不适合正在长身体的你

13 岁的李小美最近对自己的体形感到不满，尤其是看到一些社交媒体上关于"完美身材"的帖子，感到压力巨大。小美的同班同学经常讨论减肥的话题，她也受到影响，开始尝试通过节食来获得理想的身材。

一开始，小美每天都控制饮食，尽量少吃主食和零食，只吃一些水果和蔬菜。虽然刚开始她的体重确实有所下降，但很快她就感到体力不支，上课时容易疲倦，甚至出现了头晕的情况。

妈妈发现了这个情况，立即带小美去看营养师。营养师告诉她们，正在成长发育的青少年应保证充足的营养摄入，节食和过度控制饮食不仅对身体发育有害，还可能导致营养不良、免疫力下降等问题。营养师为小美制订了科学的饮食计划，确保她能够均衡摄入各种营养，同时也保持健康的体重。

　　小美调整饮食方式后，逐渐恢复了体力和健康，同时学会了如何以健康的方式管理体重，而不是靠节食和不科学的减肥方法。

　　女孩都爱美，即便不胖，也希望自己有苗条的身材。尤其现在流行"白幼瘦"审美，宣称女孩又白又瘦才好看。于是，懵懂的女孩开始盲目地靠节食来减肥，就算明显出现体虚、憔悴的状况，也不肯停下来。

　　然而，青春期是身体快速发育的阶段，这时候，需要获取充足的营养和能量来支持身体和骨骼的成长。如果盲目减肥和节食，会导致营养摄入不足，影响身体正常发育。同时，节食过程中的饥饿感和疲劳状态可能会导致睡眠质量下降，进一步影响生长激素的分泌和身体恢复。

所以，你不要盲目地减肥和节食。就算你有些胖，需要适当减肥，也要保证营养均衡，避免过度节食。要知道，养成良好的饮食习惯比短期的快速减肥更为重要。你需要养成健康的饮食习惯，同时通过体育锻炼消耗多余的能量，这样才能帮助自己保持健康的体重，同时促进身体全面发展。

① 制订科学的饮食计划

你需要向家长求助，向营养师或专业人士咨询，制订适合自己的饮食计划，确保每餐都有足够的蛋白质、全谷物、蔬菜和水果，避免极端节食。

摄入足够的营养，才能支持身体正常发育，并维持良好的能量水平。

② 养成健康的生活习惯

你应该养成规律的作息时间，早睡早起，每天保持适度的运动。运动不仅可以帮助你管理体重，还能增强体质和心理健康。

你可以选择适合自己的运动方式，如游泳、跑步或跳舞等，保持愉快的心情，同时有效燃烧卡路里。

3 关注身体信号

如果你确实有些胖，体重大，营养过剩，那么就需要采取科学、健康的方式来减肥了。

在这个过程中，你还要积极观察身体的反馈，不要忽视任何身体不适的信号。如果感到疲倦、头晕或其他不适，应立即调整饮食或运动方式，或者及时咨询医生、营养师，获取专业建议，确保健康减肥。

让你不舒服的接触和言语，
都是骚扰

前段时间，13岁女孩琪琪外出找朋友玩，刚进电梯，便遇到了楼上的邻居叔叔。虽然与对方不熟，但琪琪还是打了招呼，然后站在电梯一角。

不一会儿，琪琪发现邻居叔叔好像在看自己，便抬头看向他。没想到对方竟靠近她，拉起她的手，问："你今天穿得这么漂亮，是要出去玩吗？"

手被拉着，琪琪感觉有些不舒服，但也没太在意。

接着，对方一边与琪琪说话，一边摸着她的手，还时不时碰摸她的肩膀、腰部。琪琪的不舒服感加重了，于是她抽回了手，与他拉开一些距离。

对方没跟过来，却一直看着她，还说："一转眼，你都成大姑娘了，身材发育得真不错！"

琪琪不知所措，只能傻呆呆地站在那里。幸好，没过一会儿，电梯里又进来几个邻居，琪琪才松了一口气。

事后，琪琪想把这件事告诉妈妈，但又觉得人家没碰触自己的隐私部位，就作罢了。

很显然，琪琪缺乏正确认知，也未能正确地保护好自己。

女孩，你要记住，只要有人做出让你不舒服的行为，摸你的手，碰触你的身体，那就是性骚扰。那么，不管他是谁，你最好马上跑掉，然后告诉爸爸妈妈，避免他再越过你的身体界限，做出侵犯你的事情。

如果你不及时拒绝或逃离，那么就等于默许和纵容对方的行为，很可能让对方更肆无忌惮。如此一来，后果可能不堪设想。

所以，女孩，你必须正确认识性骚扰，同时提高警惕，预防性侵犯。为此，以下几点是你必须掌握的。

① 认识自己的身体，设定安全距离

不论是跟陌生人还是熟人，也不论是跟同龄人还是长辈，你都要保持一定的安全距离。一旦对方突破你的安全距离，让你感觉不自在、不舒服或者是恐惧，你要马上远离。

② 分辨什么是友好的碰触，什么是不怀好意的骚扰

友好的碰触，比如父母的拥抱，与朋友、同学的拉手、搂肩膀，不会让你感觉不舒服，反而让你感到亲切、愉悦。不怀好意的骚扰和侵犯，比如他人摸你的手、肩膀、腰部，会让你本能地排斥，心里感到不舒服和恐惧，甚至有些困惑。就算他只是站在你的身边，有意无意地碰触你的胳膊，让你感到不舒服，也是骚扰，一定要远离，或者告知爸爸妈妈。

还要注意的是，不仅是身体的碰触属于骚扰，遇到陌生人一直看着你、打量你，尤其是盯着你的胸部和腿部，或者说一些让你不舒服的话，如"你很漂亮""身材挺不错"，也属于骚扰。

当然，如果别人让你看或者碰触他的身体，让你感觉不舒服，也属于性骚扰。

比如，引导你看他的"腹肌"，拉着你的手去摸他的"腹肌"，一定要坚定拒绝，马上离开那里。

3 断然拒绝任何不舒服的碰触

女孩，任何让你感觉不舒服的碰触都要断然拒绝，相信自己的感觉比什么都重要。当然，想要保护好自己，一定不要惊慌失措，要用肯定且严肃的语言说："不要碰我！"然后尽快离开。

事后一定要告诉爸爸妈妈或值得信任的人，这样才能避免进一步受到侵害。

第八章

朦胧的情愫，
不能懵懂地应对

青春期的女孩，往往会对异性产生好奇心，有一些朦胧的情愫。它源于青春期的心理萌动，让女孩感觉到美好，也感到困惑和苦恼。那么，如何应对呢？正确的做法是慎重对待，理智处理。

喜欢和欣赏，
你能分辨得清吗

　　九年级的女孩刘洋在班级里算得上是个"学霸"，学习成绩一直名列前茅。最近，她发现自己对班里的男同学李鑫有些不一样的感觉。李鑫是班长，成绩好，篮球打得好，还阳光开朗。

　　课间，李鑫主动和刘洋聊起了兴趣爱好，还时不时地发来关心的信息。这让刘洋觉得非常愉快，但也让她有些迷茫。她开始在课堂上特别留意李鑫的表现，每次看到李鑫微笑，心里就会涌起一种说不清楚的情愫。

　　一天，刘洋在课后鼓起勇气向李鑫表达了自己对他的感觉，李鑫却显得有些困惑和不知所措。他没有表现出喜悦，而是开始疏远她。刘洋的心情变得很复杂，不知道是不是自己误解了李鑫的态度。

在一次班级活动中，李鑫主动提出要和刘洋一起完成任务，这让刘洋又一次激动起来。她开始不断思考自己对李鑫的情感究竟是什么，是喜欢还是欣赏？这种模糊的情感让她非常困惑，也让她在和李鑫的相处中变得更加犹豫和紧张。

其实，刘洋没有弄清楚自己对李鑫是喜欢还是欣赏。

青春期女孩，会被优秀的异性吸引，产生不一样的好感，往往会关注他、在意他，还会忍不住和他亲近。但这种好感，可能是喜欢，也可能是欣赏。

因为懵懂、单纯，很多女孩往往把欣赏误认为喜欢，让自己陷入错误的"早恋"之中，这不但影响学习，更影响身心健康。

所以，女孩应该厘清自己的情感，分清对异性的情愫是喜欢还是欣赏，明确喜欢和欣赏是不一样的。如果你只是单纯地欣赏对方的某些优点，与他交流和相处时，没有心跳加速的感觉，那么，不一定意味着你喜欢对方。

弄清楚自己情感的真实意图非常重要，因为这不仅有助于你理解自己，也能帮你更好地处理与他人的关系。如果只是单纯欣赏，你就应该在情感表达上保持友好的距离，不必过于纠结。

如果是喜欢，也不要慌张、焦虑，因为青春期男孩女孩之间彼此喜欢、有好感是正常的，你只要以学习为主，同时保持情感的美好，就是没问题的。

① 进行自我反思

你可以通过自我反思厘清对对方的情感，问自己对他的感觉仅仅是欣赏，还是已经到了喜欢的层面。

首先，你可以列出你对对方的具体感受，并与他人（如朋友或家人）讨论，看看他们是否能提供有用的建议。然后，在自我反思的过程中，注意区分自己对对方的情感是建立在偶发的兴趣还是深层次的情感联系上，这样有助于你更好地理解自己的真实感受。

2 逐步了解

在不急于表白的情况下，通过多与对方互动来逐步了解彼此。比如，可以从共同的兴趣话题、课外活动等方面切入，增加与对方的交流机会。

这种渐进的了解不仅可以让你更加清楚自己对对方的真实感情，还能帮助你判断对方是否也对你有类似的感觉。如果对方表现出明显的兴趣，这可能表明你们之间的情感有进一步发展的可能，可以把这份美好的情愫留于心底，让其接受时间的考验，因为学生时期还是要以学习为重。

3 沟通与反馈

处理这种朦胧的情愫时，开放且诚实的沟通非常重要。你可以尝试与对方进行轻松的对话，分享你对未来的期望和感受。

注意，沟通不必过于直接，可以通过询问对方的兴趣和看法来间接了解他的态度。同时，注意观察对方的反应，看他是否对你所讨论的话题表现出兴趣。这样做可以帮助你收集对方的反馈，从而更清楚地了解双方的情感状态，避免误解或尴尬。

对于情书，没必要太在意

在高二年级的秋天，小敏突然收到一封特别的情书。她的同班同学小张在信中写道："小敏，我暗恋你很久了，希望我们能成为好朋友，甚至更进一步。"

面对这封情书，小敏不知道该如何回应。她害怕直接拒绝会伤害小张的感情，影响他的学习成绩，同时又不想让小张对她的态度产生误解。她开始回避小张，甚至对他讲的话题不再感兴趣，这种回避使小张变得更加困惑。

几周后，小敏与闺蜜聊起这件事。闺蜜建议她直接和小张沟通，清楚表明自己的想法。小敏终于鼓起勇气，在一个安静的午后找到小张，表达了她的真实感受："小张，你对我有好感我很开心，但我对你没有特别的情感。我希望我们还是朋友，一起为了考出好成绩努力加油。"

事后，小张虽然感到有些失落，但最终还是理解了小敏的立场。小敏也不再为这件事困扰，把时间和精力都放在学习上。

在校园里，很多女孩收到过情书，也遇到过被表白的情况。面对这些，女孩有时会不知所措，不知道如何回应对方。

收下，怕对方误会，认为自己也喜欢他；拒绝，又怕伤了对方感情，影响同学间的友谊。

其实，你根本没有必要慌张，更不需要纠结。保持冷静，弄清自己的真实感受，然后坦诚沟通，不伤人就可以了。

情书虽然是对方勇敢表达自己感情的一种方式，但不一定代表你必须做出回应或是一定要按照对方的期望来做。

所以，回应对方的时候，关键在于如何诚实地表达自己的感受，同时要尊重对方的情感。另外，要注意保护自己与对方的隐私和安全，不要轻易将情书内容泄露给他人，也不要在公开场合讨论相关话题。否则很容易把你和对方置于尴尬、难堪的境地。

女孩，你可以按照以下步骤处理。

❶ 自我评估情感

收到情书时，不要慌张，也不要急于回应对方。你要进行自我评估，了解自己对对方的真实感受。你可以用日记的形式记录自己对对方的情感变化，包括对对方行为的关注、自己的情绪，以及对未来的期望等。

这样，可以让你清晰地认识到自己的真实感受，避免处理情感时含混不清。

❷ 设定明确的回应策略

回应对方时，可以设定一个明确的策略。比如，先确定具体的时间和地点与对方交流，选择安静的环境，减少不必要的干扰；准备好要表达的内容，语言简洁而直接。

你可以事先写下要说的话，在与对方沟通时逐条阐述。这样可以确保你在表达时不会遗漏要点，也能让你更从容地观察对方的反应。

如果感到无法处理，你可以告知父母和老师，让成年人给予你必要的指导和帮助。

但要注意，一定要找对方进行私下沟通，千万不要当众拒绝，更不要把这件事宣扬出去，让对方下不来台。

❸ 设置个人边界

你在回应的过程中，务必设置个人的边界，确保自己处于舒适区。如果你觉得面对面沟通过于为难，可以选择书面回复的方式，比如短信或邮件。

拒绝时，一定要委婉，确保内容尊重对方，同时清晰表明你的立场。如果对方的情感表现让你感到不适，不要犹豫，立即回复，比如可以说："我觉得我们现在需要保持一定的距离，尊重彼此的个人空间。"

与男同学相处，
既要讲友谊，又要讲距离

高三的李娜是班级里的文艺积极分子，成绩优秀，人缘儿也很好。

最近，她在学校参加了一个文学社团，认识了一个名叫张明的男同学。

张明性格开朗，谈吐风趣，很快就和李娜成了好朋友。他们一起讨论文学，分享生活中的点滴，逐渐建立起深厚的友谊。

然而，不久后，张明开始频繁地给李娜发信息，甚至主动提出要一起去看电影、喝咖啡。李娜感到有些困惑和不安。虽然她对张明有很高的评价，但对这种突然变得亲密的举动有些不适应。

一次，张明在放学后向李娜表白，称自己慢慢喜欢上她了。

李娜感到十分惊讶，同时也有些尴尬。

她没有预料到事情会发展到这种地步，不知道自己明明只是把张明当好朋友，为什么他却喜欢上了自己。

李娜开始思考自己与张明的相处方式，意识到在友谊中也要设立适当的界限，不能过于亲密，这样既能保护自己，也能尊重对方的感情。

李娜因为没有把握好交往的分寸，与张明交往过于亲密，才导致误会的产生。

所以，女孩需要明白：友谊需要真诚和开放，与男同学相处时，要讲究友谊，也要保持一定的边界感。

有了边界感，保持合适的距离，友谊才会更加纯粹。设想一下，如果过于亲密或频繁地相处，可能会让彼此之间的界限变得模糊，甚至让人产生误会，这样的关系反而容易变得复杂。

同时，学会在友谊中设定界限，才能真正做到尊重自己，也尊重别人，让友谊变得更健康、更持久。

以下是一些具体的方法，可以帮助你在与男同学相处时既讲友谊又讲距离。

① 明确沟通界限

女孩与男孩交往的时候，要明确自己的界限。这对于友谊的维护是非常重要的。

你可以在相处过程中逐渐表达自己的感受和期望。如果你感到对方的行为让自己不适，可以明确地告诉对方你的感受和希望保持的界限。

比如，你可以说："我很享受我们的友谊，但我觉得我们现在保持一定的距离比较好。"

2 设定明确的交往方式

与男同学相处的过程中，你可以设定一些明确的交往方式。比如：可以一起学习、讨论问题，参加学校组织的活动；可以在学校或公共场所见面，尽量避免在校外的私密场所相处。要是在校外见面，需要多约几个同学，避免单独约会。再如，可以有正常的肢体接触，但要避免"勾肩搭背"和亲密的肢体接触。

这样做，可以降低误解的可能性，让友谊更为健康、持久。

③ 定期自我反思

你要经常反思自己的感受和与男同学的相处模式，及时调整自己的态度。

如果你感到对方的行为越来越亲密，或者自己对这段关系有了新看法，你可以及时与对方沟通，表达自己的真实感受。

与老师相处，男女有别

七年级的李小雨是一个活泼的女孩，学习和参加各种活动都表现得很积极，也非常乐于帮助同学和老师，因此，同学和老师都喜欢她。

一天，体育课后，体育老师张老师把小雨留了下来，要求她帮忙整理一些体育器材。张老师平时平易近人，与学生打成一片，小雨也挺喜欢他的，所以痛快地答应了。

整理器材的时候，张老师一边干活，一边与小雨聊天，称赞她的日常表现如何出色，成绩如何好。小雨高兴地回应着，感谢老师的夸奖，但后来她发现张老师的举动好像有些不对劲，不但时不时用手拍她的背或肩膀，还说私下可以把他当朋友。小雨感到不太舒服，但不知如何应对。

回到家后，小雨把这件事情告诉了妈妈。妈妈了解了小雨的感受后，认真地对她说："男女有别，不管什么时候，女孩都需要与异性保持一定距离，老师也不例外。这是与人相处的学问，也是自我保护的措施。"

通过这次经历，小雨学会了如何正确地与异性老师相处，并懂得了如何在感到不适时采取行动保护自己。

在学校，老师与学生的关系非常密切，性别差异往往不可忽视。尤其是青春期女孩，与男老师相处的时候，应该注意个人行为界限，保持适当的距离。

女孩可以与男老师建立良好的师生关系，积极参加活动，聊天说笑，但是一定要避免过于亲密，以免引起不必要的误会。同时，要有自我保护意识，关注男老师是否有不恰当的行为，比如过于热情或暧昧的话语，过于亲密的身体接触，或总是提出涉及隐私的问题，等等。

女孩应该记住，良好的师生关系应该基于相互尊重和拥有清晰的界限。了解和尊重性别差异，与男老师保持适当的互动距离，面对任何可能的不适时，勇敢地表达自己的感受，寻求必要的帮助和支持，才能维护自身安全，并促进健康、和谐师生关系的发展。

① 明确界限，重视自我感受

与男老师相处时，明确界限是保护自己的重要方法。无论是身体接触还是言语交流，都要保持在正常的程度。若感到任何不适，无论是身体上的还是情感上的，都要勇敢地表达自己的感受。比如，你可以说："老师，我不喜欢你这样靠近我，请保持一点儿距离。"

② 学会识别不当行为

女孩不但要明确师生界限，还要明确男女界限，注意自己和老师的行为是否不当。

首先，你需要了解哪些行为可能是不恰当的，比如时不时有意无意地与你身体接触，私下与你频繁联系，谈及过于私人的问题。其次，你还要了解不当行为的界限。

关于这些知识，你可以询问父母，也可以阅读安全教育材料，还可以参加学校提供的相关课程。

3 及时报告异常行为

如果你遇到任何让自己感到不安的情况，你都要及时告知家长或学校其他老师。比如，你可以找到学校的心理辅导老师，告诉他们你的感受和经历。

及时报告，你才能获得及时帮助，避免情况恶化，帮助自己脱离困境。

青涩的果子还未熟，不要着急去摘

李晴刚刚上八年级，就与班上的男生小俊互相产生了好感。两人一开始共同学习，后来关系越来越亲密，开始偷偷约会，看电影，互送礼物，还在校外活动时牵手、拥抱。

那段时间，李晴很快乐，每天都渴望去学校，与小俊待在一起。不管做什么事情，只要想到小俊，她就会不自觉地笑起来。

然而，随着时间推移，李晴开始发现自己的生活、学业以及心情都受到了影响。比如：上课容易分心，尤其在与小俊争执、闹别扭的时候，更没有心思学习；情绪起伏不定，有时高兴，有时忧愁，还时常担心父母和老师发现自己早恋；时间和精力都花在了小俊身上，没有时间去做喜欢的事情；朋友们也开始疏远自己，不再愿意与自己交往。

李晴很困惑，不知道如何是好，因此情绪更加低落，成绩也下降得厉害。这时，班主任注意到她的变化，主动与她沟通。班主任告诉她："有些事情，尤其是感情，是需要理智看待和慢慢成熟的。你的成长和学业，应该是现阶段最重要的，早恋可能会给你带来不必要的麻烦。"

在老师的建议下，李晴逐渐意识到，自己还需要更多的时间专注于学业和自身成长，而不是过早地进入复杂的感情世界。所以，她决定与小俊保持距离，专注于自己的学习和兴趣爱好。

早恋是指在未成熟的年龄阶段，对恋爱产生兴趣并参与感情关系的现象。在青春期，男孩女孩正处于生理和心理发展的关键期，容易对异性产生好奇心，想要了解爱情、尝试爱情。于是，当对某个异性产生好感的时候，青春期的孩子便可能会早恋。

但是，女孩，你应该明白，你还未成年，情感和理智还不完全成熟，早恋不但会影响学业，还会对你的心理健康产生负面影响。就好像青涩的果子，过早地摘下来，只能品尝到苦涩的味道。而且，你是学生，应该专注于学业和发展技能。

因此，你对某个男孩有好感时，可以把这份好感藏在心中。等到你足够成熟的时候，如果还喜欢对方，再去谈恋爱，那时你更可能收获到美好的爱情。

具体来说，以下几点可以帮助你避免早恋。

1 专注于个人成长和兴趣

你要把精力投入学业和兴趣爱好中，这样不仅能提升自我能力，还能分散注意力，减少早恋的冲动。

设定学习目标、参加课外活动、发展个人兴趣等，都是保持专注的好方法。比如，你可以加入学校社团，培养新的技能或兴趣。

2 与家长和老师保持沟通

遇到问题，你要学会与家长和老师保持开放的沟通，分享自己的心事、烦恼和困惑。

比如，你对某个男孩有好感，不由自主地喜欢上对方，而对方也喜欢你，明确表示了好感，这时候你可以及时与家长或老师交流，让他们给予自己有效的建议。

如果你因为早恋问题，学习分心，或者情绪不稳定，又不知道如何调节，不知道该继续还是结束，你也可以与家长或老师沟通，从而做出正确的决定。

③ 建立健康的人际关系

很多女孩早恋，是因为人际关系单一，很少与身边的同学交往，所以一旦遇到对自己好、有共同爱好的男孩，便会依赖对方、喜欢对方，然后产生单恋或早恋。

所以，你要积极与同龄人交往，建立健康的人际关系。朋友多了，且与朋友保持良好的关系，你就能在社交中获得更多的支持和理解，并在成长过程中形成清晰的目标，确定正确的人生方向。